The truth
of the world

三明治研究室

拆解層疊美味，從家常經典到進階開店，

世界級三明治全收錄

delicious
sandwiches

為了想出更嶄新、
變化更多元的三明治。

替烘焙坊或咖啡館設計三明治的菜單已屆第18年。

其間最常被要求的菜單設計無非是「令人耳目一新的三明治」，或是「節省成本與工時的三明治」，但我心中最想吃的是「以經典食材搭配而成的三明治」或「以上選食材細心製作而成的三明治」。

做出優質的三明治，並以正確方式呈現在消費者面前，顧客們一定能體會製作者的心意，而那些粗製濫造的三明治，也會讓顧客們察覺製作者的不用心。當我在設計三明治的菜單時，所選擇的不是無謀地要求自己設計出新菜色，而是每天想辦法讓那些經典三明治越來越美味，最後才能進化成難以取代的三明治。除了三明治這項食物之外，其他種類的食物也能套用相同的道理吧。

因此，本書將重點完全放在「全世界的經典三明治」，因為「製作三明治的基本工夫」全濃縮在這些受到全世界消費者喜愛的三明治之中。

此外，這本書將我自己遇到的困難以及找到的解決方法，還有製作三明治不可或缺的食材與常見問題，全部整理成「三明治的基礎知識」一節。

「原創三明治的組裝方法」一節則視季節主題，以實例介紹從經典三明治發展出原創三明治的方法。

若您正為設計三明治的菜單而煩惱，翻開本書將使您的想法更為寬廣，也能在了解基本知識後，設計出更多元的菜單。而這就是本書的目的。

若本書能在三明治的製作上助各位一臂之力，那將是作者無比的榮幸。

永田唯 Nagata Yui

CONTENTS

原創的季節性三明治……145

在翻開本書之前

本書由下列四大部分組成，各位讀者可參照目錄，選擇需要的項目閱讀。

●三明治的基礎知識 I（9 ～ 19頁）
　基本的麵包與切割方法

●世界經典三明治（21 ～ 143頁）
　世界經典三明治的設計思維、起源與文化背景，基本食譜與進階食譜

●充滿季節色彩的原創三明治（145 ～ 209頁）
　原創三明治的組裝方法與季節性食譜

●三明治的基礎知識 （213 ～ 237頁）
　基本的食材與三明治的組裝方法

本書介紹的經典三明治都採用廣泛性的名稱。其中基本的三明治的名稱都只是最具代表性的搭配。與某些泛稱的三明治名稱可能有所出入。

計量單位為1大匙=15ml、1小匙=5ml。

三明治的基礎知識 I

關於麵包

利用麵粉、鹽、水、麵包酵母這類基本材料製作的麵包，稱為簡約麵包，這類麵包的口感較為堅實；而配方中含有一定比例的奶油、牛奶、雞蛋、砂糖所製作的麵包稱為豐富麵包，質地與口感都較為柔軟。除此之外，

還有介於兩者之間的麵包，例如以模型烘焙而成的麵包、延展成薄片的麵包、大型麵包、小型麵包、裸麥麵包、全粒粉麵包或雜糧麵包，世界上有著各式各樣配方與形狀的麵包。因此在製作三明治之前，讓我們先一窺各

種麵包的特性吧。麵包切片的厚度、切法、有無經過烘烤都會影響麵包的美味，因此拿捏麵包與食材之間的均衡，將可製作出風貌完全不同的三明治。接下來就為大家介紹本書採用的基本款麵包，以及相關的切法。

吐司麵包

吐司麵包的法文是「pain de mie」，其中的「mie」是指吃得到柔軟的麵包內裡（crumb），與擁有堅實麵包皮（crust）的棍子麵包是不一樣的。於英國誕生的元祖「三明治」就是利用這種麵包製作，而日本也最習慣使用這種麵包製作三明治。

角型吐司

將麵團放在模型裡，蓋上蓋子再行烘烤的吐司，口感十分濕潤而綿軟，嚐得到高雅的風味。麵團的成分包含了油脂、砂糖與乳製品，所以吃得到隱約的甜味。屬於製作三明治的經典麵包。

山型吐司

這是指烘焙時，不在模型上方加蓋，任由麵團向上伸展的吐司麵包，與角型吐司相較之下，質地稍微粗糙了點。據說明治時期將這種麵包稱為「英式吐司麵包」，原由是因為這種麵包在當時是由英國人烘製的。

粗粒全麥吐司

這種麵包又被稱為是黑麥吐司（Brown Bread）或是粗粒全麥吐司（Graham Bread），在歐美一帶被認為是健康養生的麵包，也因此人氣逐年高漲。

切法POINT

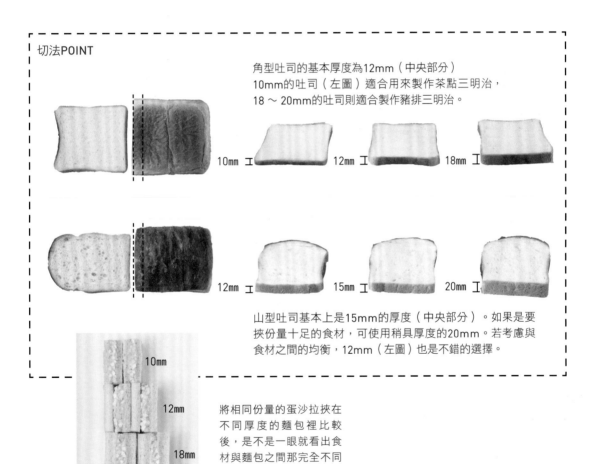

角型吐司的基本厚度為12mm（中央部分）
10mm的吐司（左圖）適合用來製作茶點三明治，
18〜20mm的吐司則適合製作豬排三明治。

10mm 12mm 18mm

12mm 15mm 20mm

山型吐司基本上是15mm的厚度（中央部分）。如果是要
挾份量十足的食材，可使用稍具厚度的20mm。若考慮與
食材之間的均衡，12mm（左圖）也是不錯的選擇。

10mm
12mm
18mm

將相同份量的蛋沙拉挾在
不同厚度的麵包裡比較
後，是不是一眼就看出食
材與麵包之間那完全不同
的均衡感呢。

法國麵包

法國有種被稱為「Pain Traditionnel」的法式傳統麵包。其中最具代表性的棍子麵包，是以只有麵粉、麵包酵母、鹽、水的配方所製成，可讓人嚐到小麥那豐富的風味，而其他像是裸麥麵粉或全粒粉製作的麵包，以及魯邦種製作的麵包，都藏著獨特的風味、香氣與多層次的滋味。

棍子麵包 Baguette

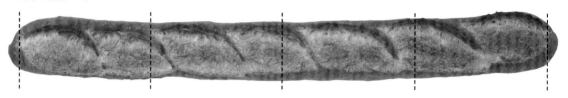

這是法國最常見的麵包之一，也是製作三明治的經典麵包。麵包外皮的香氣就是這款麵包好吃的關鍵，最適合塗上大量奶油，再與優質的食材搭配使用。

切法POINT

一人份的棍子麵包較適合切成4等分。與其水平切開，倒不如從稍微偏上的位置下刀斜切才更加美觀。

短棍法國麵包 Batard

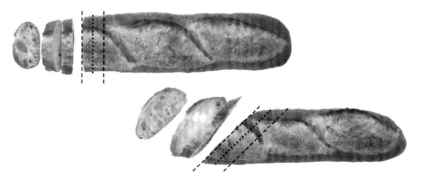

這款短棍法國麵包使用的麵團與棍子麵包相同，但是長度卻比棍子麵包短上許多，而且麵包內裡的份量也較多，所以能同時嚐到麵包外皮的酥香以及麵包內裡的濕潤口感。

切法POINT

倘若要製作的是小巧可愛的三明治可垂直切開，若是打算製作體積略大的三明治，不妨以斜刀切成30～40mm厚度的圓片，要是能在中央之處劃出蝴蝶刀口，就能更簡單地挾入食材了。

裸麥麵包 Pain au seigle

裸麥麵粉比例介於10%～65%之間的法國麵包稱為裸麥麵包。裸麥的比例多寡會使麵包的口感與味道產生變化。

包了核果或乾燥水果的裸麥麵包與起司非常對味。

切法POINT
基本上是切成10mm的切片。厚度可隨著麵包的口感調整。

法國鄉村麵包 Pain de Campagne

半圓筒形

圓形

將裸麥麵粉或全粒粉拌入麵粉製成的鄉村麵包。這款麵包在法國各地都有其獨特的形狀，但在日本通常製作成大體積的圓形與半圓筒形。另一種以魯邦種製作的麵包被稱為「天然酵母種麵包 Pain au Levain」，可讓人嚐到強烈的風味與獨特的香氣。

若使用半圓筒形的這款麵包，每片切片的剖面面積都非常一致，所以很適合用來製作三明治。而圓形的這款麵包則因切片大小不一，使用時得多花一些工夫。

切法POINT
若是要做成法式麵包片，建議切成15mm的切片，若是製作三明治，基本上可切成12mm的切片，但也可視麵包的口感調整厚度。假設麵包的口感較軟，切成略厚的切片也是不錯的選擇。麵包是否經過烘烤的步驟也將左右最適當的麵包厚度。

法式甜麵包 — Viennoiserie

"Viennoiserie"在法文裡的意思是"維也納風味"，屬於從維也納傳入法國的甜麵包的總稱，主要指的是包有奶油的可頌與包了大量雞蛋與奶油的布里歐修。

可頌 Croissant

麵團發酵後，將奶油層層摺入麵團，做成像派一樣的麵包。法文的「Croissant」就是上弦月的意思。若摺入麵團的不是奶油，通常在法國會做成上弦月的形狀，若使用的是100%的奶油，則會做成菱形。在法國通常不會把可頌拿來製作三明治，但在日本，可頌三明治卻十分受到歡迎。

楠泰爾布里歐修
Brioche de Nanterre

利用大量雞蛋與奶油製成的麵包，也是一款甜味高雅的豐富麵包。在日本通常將這款麵包當成甜麵包來吃，而豐富的風味也與一般的料理十分搭配。在法國則習慣挾著香腸吃或是塗上鵝肝醬。

切法POINT
切成12mm厚度的片狀。

維也納麵包 Pain Viennois

甜味隱約且風味十足的半硬式麵包。口感乾爽且質地上等的這款麵包非常適合拿來製作三明治。與雞蛋、鮪魚這類軟式食材非常對味。

切法POINT
從旁邊略高的位置斜切刀口。

切法POINT
從旁邊略高的位置切入刀口。

德國麵包

提到德國麵包，就不得不聯想到又黑又硬的裸麥麵包，但其實德國麵包的種類可是非常豐富的喔。德國的北部非常寒冷，較適合栽植裸麥，因此麵包也以裸麥麵包為主流，而南部則因小麥的產量較多，而以麵包製作的麵包為主流。名為「德國小圓麵包」的小型白麵包常被當成早餐麵包來吃，而德國的三明治也常以這種麵包製作。

德國裸麥麵包的特徵在於使用從裸麥製成的酸酵種。這種酸酵種能作出德國麵包特有的多層次滋味。

德國小圓麵包 Brötchen

「Brötchen」在德文就是所有小型麵包的總稱。源自澳洲的凱撒麵包在德國也十分常見。其爽口的咀嚼口感可與任何一種食材搭配。

切法POINT
從旁邊略高的位置斜切或是直接攔腰切成兩半都不錯。

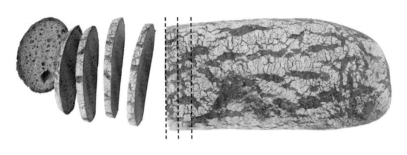

切法POINT
厚度7mm左右的片狀。

德國農夫麵包 Berliner Landbro

裸麥麵粉比例高於麵粉、起源於柏林的鄉村麵包。扁平的半圓筒形狀與表面
斑駁的裂痕是這款麵包在外形上的最大特徵。Q彈的口感也與起司、生火腿
這類簡單的食材組合非常對味。

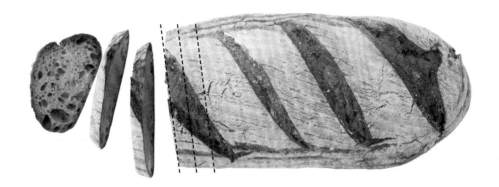

切法POINT
厚度10mm左右的片狀。

輕裸麥麵包 Weizemischbrot

這是德國人最常吃的麵包了，裸麥麵粉的比例高於麵粉，可嚐得到溫潤的
滋味。

切法POINT
厚度5mm左右的片狀。

德國粗黑麥麵包 Pumpernickel

這是以100%裸麥製成，於德國北部威斯特伐里亞起源的傳統黑麵包。由於
是在加了熱水的烤箱裡長時間烘焙而成，所以擁有非常特殊的Q彈口感。

義大利麵包

義大利麵包多半是充滿小麥香味、口味單純的種類，有時會在麵團裡揉入橄欖油，或是在外表塗上橄欖油再烤，而且就連塗在三明治表面的也是橄欖油，而不是奶油。

拖鞋麵包 Ciabatta

這是於義大利北部倫巴底地區發跡的麵包。「ciabatta」的意思就是「拖鞋」。這款麵包的外皮擁有酥脆輕盈的口感，而內裡則有大氣孔，含有適當的水氣，所以口感十分有彈性。所以在歐美一帶也因當成三明治的麵包使用而普及。

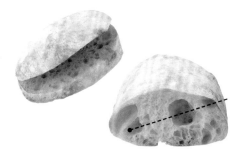

切法POINT
從旁邊略高的位置斜切。

佛卡夏 Focaccia

這是一款於義大利西北部熱那亞誕生的無發酵麵包。在拉平的麵團表面塗上大量橄欖油，並以指尖按出多處凹洞，再放入烤箱烘焙。有些會在表面撒上迷迭香、乾燥番茄或橄欖當配料，外觀看起來就是口味簡單的披薩。口感十分柔軟，是一種很容易入口的麵包。

切法POINT
切成上下兩半。

其他國家的麵包

除了基本款的麵包之外，世界上還有很多不同特徵的麵包，我們將從中挑選幾種適合製作三明治的麵包介紹。

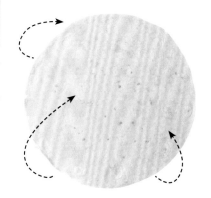

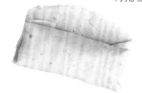

墨西哥薄餅 Tortilla

這是墨西哥從古傳承至今以玉米粉製成的無發酵薄烤麵包。利用麵粉製作的稱為麵粉薄餅（Flour Tortilla），北美一帶習慣在這種薄餅裡捲入大量食材，作成三明治捲食用。也有業務用的冷凍薄餅。

切法POINT

墨西哥薄餅不用切，可直接將食材捲在裡頭。

熱狗麵包

從日本昭和10年開始,伴隨著學校午餐而普及的軟系麵包,這款麵包是利用吐司麵團製作的。隨著這款麵包的逐漸普及,在裡頭挾入炒麵、拿坡里義大利麵或可樂餅這類熟食的調味麵包也慢慢變得為人所知。

切法POINT
從正上方切一道筆直的刀口,也可從旁邊略高的位置劃入刀口。

貝果 Bagel

這是在紐約造成轟動而普及至美國全土的猶太麵包,在日本也非常受到歡迎。先汆燙後烘焙的處理過程,為這款麵包創造了難以置信的口感。這款麵包的種類與變化非常多,有的會在製作時,在麵團裡揉入起司、乾燥水果、核果這類副材料。最常見的就是搭配奶油起司。

切法POINT
切成上下兩半。

口袋麵包 Pita

這是在中東一帶常見的扁麵包。又稱為口袋麵包或福利麵包。由於是以短時間高溫烘焙而成,所以麵團的內部會出現空洞,這也是其最大的特徵。食用時,通常會先切成兩半,再在空洞裡塞入食材。

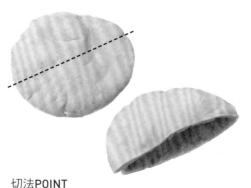

切法POINT
對半切開,切成口袋形狀。

英式馬芬 English Muffin

是一款以專用模型烘焙而成的英式傳統麵包。由於食用之前會先烤過一遍,所以通常會做成烤到一半的半成品。其含有大量水分的Q彈質感為最大的特徵,常用來製作熱三明治。

切法POINT
利用叉子切成上下兩半。

驚喜麵包的切法

法式派對最常見的三明治之一就屬「驚喜麵包」了，而這款麵包是先將大型麵包的麵包內裡挖空，再將挖空的麵包組成三明治，然後再重新填入麵包內裡所製成（詳情請參照64～65頁的說明）。

在此先介紹這款麵包的切法。

用來製作驚喜麵包的麵包

為了方便挖空，最好選用麵包內裡紮實而不至於太柔軟的麵包。這次使用的是裸麥麵包這種放入鏤空模型烘焙而成的麵包。有一定高度的麵包比較適合用來製作驚喜麵包。如果手邊沒有夠高的模型，可將兩個鏤空模型疊高與固定後再進行烘焙。

以基本形狀製作

將大型的麵包分成蓋子、內裡與容器三個部分。

1. 切下麵包上緣。

2. 在距離麵包邊緣10mm的位置，從上而下垂直插入鋸刀，然後沿著邊緣切一圈。這個步驟要注意的是別讓刀子切到麵包底層。接著讓刀子與麵包底層呈水平角度，從距離麵包底層10mm的高度入刀。一開始先切進3cm左右，接著一邊切開麵包，一邊小心地將底層的麵包切下來，記得別讓切口變大。如此一來就能切出當成內裡與容器使用的麵包。在切下底層麵包的過程中，可適時將鋸刀抽出來，改變一下刀刃的角度再繼續切。

以山型吐司製作應用

圓柱型的麵包算是製作驚喜麵包的基本款，但即便是形狀不同的麵包，仍然可用來製作驚喜麵包。例如山型吐司就很適合製作小型的驚喜麵包。

1. 將麵包上緣切下，再仿照基本形狀的做法將麵包內裡挖空。若使用的是矩形的麵包，在剝下底層的麵包時，可從位於對角線的兩個相對位置入刀，會比較容易將底層切下來。

4.如果要製作的是三明治，可疊成原本的形狀再切成方便入口的大小。

3.將挖下來的麵包內裡從旁切成10mm厚的麵包片。也可自行決定厚度，只要最後能切出雙倍數的片數即可。
接著視個人口味將食材挾在麵包片裡。

5.將做好的三明治放回麵包做的容器裡。將麵包容器倒蓋在做好的三明治上，會比較容易將三明治放回容器裡。

6.將麵包上下顛倒回來，蓋上蓋子，再加條緞帶略做裝飾就完成囉。

2.將挖出來的麵包內裡從邊緣切掉10mm的厚度。如此一來，即便因為挾入三明治的食材而導致厚度增加，也能輕易地將麵包內裡放回容器裡。

3.將步驟2的麵包內裡切成30mm厚的切片，接著再以蝴蝶刀在切片劃出刀口。如此一來，後續挾入食材也不怕掉在容器裡，而且也比較容易放入麵包製作的容器裡，吃的時候也更容易從容器拿出來。

4.視個人口味挾入食材，再將三明治放回麵包製作的容器裡。若為方便食用著想，可將三明治先切成兩半。

世界經典三明治

經典三明治的設計思維

何者才是我認定的經典三明治？

經典三明治的定義為何？
為什麼得了解這個定義？

在世界各地長期受到人們喜愛的三明治食譜之中，都塞滿了該三明治才有的「美味元素」。

其理由之一在於每個地區都有當地才有的麵包、食材，而醬汁又必須利用專屬的材料才得以調製，而在這些元素的組合之下，美味的三明治才得以誕生。

以只挾了小黃瓜的三明治（參照34～37頁）為例，乍看之下是再簡單不過的食材搭配，但在了解簡單背後的原理後，對這款小黃瓜三明治的看法也將改變。

本書從全世界各國的食譜之中挑出日本人也能習慣的食材組合，以及在日本也有機會普及的食譜，還有那些原本不是三明治卻被當成是三明治食用的麵包，與作者自己覺得好吃的三明治，而這些從7個國家與2大區域挑出的25種食譜也被作者定義為「經典三明治」。本書將針對這些經典三明治的食材搭配特徵解說，同時也將介紹與其相關的基本食譜、文化背景、起源還有變化版的食譜。

麵包與食材之間有三種平衡

透過從各種角度探索全世界的經典三明治，可以發現麵包與食材之間有三種值得注意的平衡模式。

A.麵包的比例較多、食材較少的三明治
B.食材的比例較多、麵包較少的三明治
C.麵包與食材的比例各半的三明治

想必大家都知道不管是哪種三明治，都無法跳脫這三種模式，但實際觀察三明治的剖面之

後，又會得到各種不同的發現。有些三明治的食材遠多於麵包，有的卻又少得可憐，而這兩者的麵包與食材之間的比例可說是大不相同。

法式火腿起司三明治、法國尼斯三明治、火腿起司三明治是本書列舉的經典三明治，而這三種三明治能以下列的方式分類。

A.麵包的比例較多、食材較少的三明治
＝法式火腿起司三明治（棍子麵包三明治）
B.食材的比例較多、麵包較少的三明治
＝法國尼斯三明治
C.麵包與食材的比例各半的三明治
＝火腿起司三明治

麵包與食材之間的平衡可讓麵包與食材本身的特質更為突顯，也是讓三明治得以美味的關鍵，更是設計任何一種三明治的基本思維。

此外，根據這種平衡模式拆解三明治，就能一眼看出三明治的基本構造。

三明治＝麵包＋油脂＋主食材＋
醬汁＋重點食材

只有麵包與主食材當然也能做出三明治，不過大部分經典的三明治都還會另外使用奶油（油脂）、左右味道的醬汁以及畫龍點睛的食材。

經典三明治都有「普遍性的美味」

經典三明治為何得以成為經典，又為何能跨越時代與文化，受到全世界眾人的喜愛？

其其原因在於經典三明治都擁有一種「普遍性的美味」。

而這種「普遍性」又是從何而生呢？

表1.麵包與食材的平衡比較（以法式經典三明治為例）

	A	**B**	**C**
	麵包的比例較多、食材較少的三明治	麵包的比例較多、食材較少的三明治	麵包的比例較多、食材較少的三明治
名稱	法式火腿起司三明治	法國尼斯三明治	火腿起司三明治
麵包與食材的平衡	麵包／食材	麵包／食材	麵包／食材

基本組合

	A	B	C
麵包	棍子麵包	佛卡夏	吐司
油脂	奶油	EXV橄欖油	奶油
主食材	白色無骨火腿 康堤起司	雞蛋、鮪魚、黑橄欖、鯷魚、各類蔬菜	白色無骨火腿、格律耶爾起司
醬汁		酸醋醬	
重點食材	第戎黃芥末醬	黑胡椒	黑胡椒

考慮過各種重點之後，舉凡麵包種類、切片厚度、食材選法、醬汁、香草與辛香料的用法、挾入食材的順序、切法都藏著左右三明治美味的元素。

若問我為什麼要了解經典三明治，我會說，因為所有「製作三明治的基本元素」都濃縮在經典三明治裡了。

挑選食材的重要性

製作經典三明治的首要關鍵在於挑選哪些食材。

以最基本的法式巨無霸火腿三明治為例，就是只在棍子麵包表面塗上大量奶油，再挾入上選的火腿（本書採用白色無骨火腿）與起司（本書採用康堤起司）而已的三明治，若是將其中的奶油換成乳瑪琳，再將上選的白色無骨火腿換成平價的里肌火腿，然後將康堤起司換成加工起司，會有什麼結果呢？[1]，想必會做出與「經典」相去甚遠的三明治吧。話雖如此，倘若消費者未曾品嚐過兩者，當然無法察覺箇中差異，所以全世界才會充斥著各種號稱「經典」，內容物卻與經典完全扯不上邊的三明治。越是「令人不禁讚嘆」的食譜，就越是需要從挑選食材的階段用心計較與組裝。

光是火腿與起司就分成不同的種類與質地，要了解這些之間的差異就已非常困難，所以有關食材的基礎知識、使用方法的詳細說明，本書全列在「三明治的基礎知識II（213～237頁）」講解。希望大家一邊閱讀這些內容，一邊尋求對食材更深的理解。只要了解食材，與三明治的相關創意與變化將變得更為廣闊與多元。

經典三明治可透過「食用場合」與「麵包」分類

經典三明治源自何處，又以何種方式呈現在顧客面前也是非常重要的部分。

比方說，在路邊攤位裡銷售的平民三明治，與必須搭配餐刀與叉子、在餐廳裡如大餐般供應的三明治之間，有著非常明顯的差異。因此本書將攤販、外帶、烘焙坊、咖啡廳、小餐館[2]、餐廳／飯店視為銷售三明治的主要場所。攤販屬於外帶形式，而餐廳則屬於內用形式，咖啡廳形式則被定為於這兩者之間。這種分類方式純粹是作者的主觀，但像這樣以供應地點分類全世界的經典三明治，將可明確地定義出該三明治的食用場合、製作者與消費者。

再者，每個國家的麵包也各有特色，參照「三明治的基礎知識I（9～19頁）」。若是需要切片的麵包，厚度的拿捏就至關重要，例如想將食材挾入小體積的麵包時，是單純地劃道刀口就好，還是剖成上下兩半抑或做成口袋麵包的樣式呢？總之方法是非常多種的。

因此本書將以麵包的口感、與食材的搭配度來分類麵包，例如外皮酥香的棍子麵包（堅實系）與內裡鬆軟的吐司麵包（柔軟系）之間，還存在著各國各種多元的麵包。

本書也進一步根據「供應場合」與「麵包」替經典三明治定位，並試著表1（23頁）列出的「麵包與食材的平衡」與這類定位結合（參照右頁表2）。

其實所謂的「供應場合」並無絕對，麵包與食材之間的組合也會不斷改變，所以本書只能以綜覽的方式觀察全世界的經典三明治，也希望各位讀者將本書舉出的內容視為其中一例就好。

---

*1──不過，了解基本的平衡後，就能依照麵包的特性與適當的價格做出不同的三明治。
*2──小餐館屬於北美常見的餐廳，常供應三明治、漢堡這類美式常見菜色。

表2.世界經典三明治的「麵包」和「提供場合」

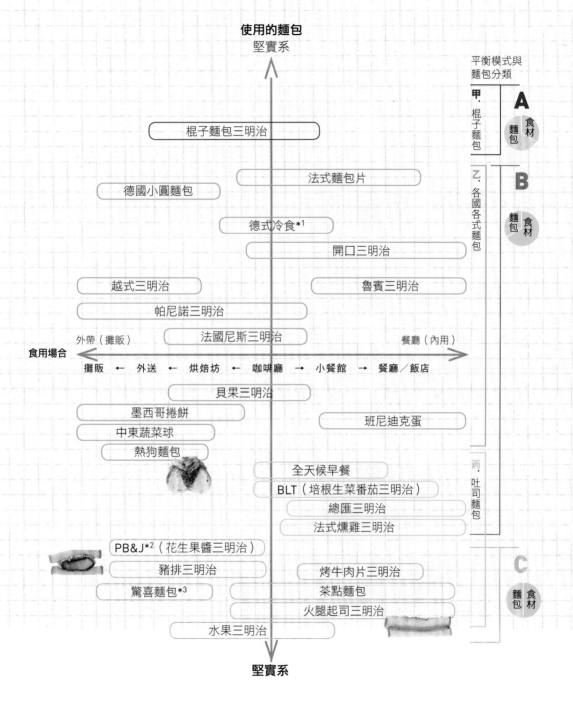

*1──德式冷食主要是家常菜色,本書將其分在不屬於餐廳也不屬於攤販的中央分類。

*2──PB&J相當於自家製作的便當,但本書將其視為外帶餐點,分類在外送與烘焙坊的位置。

*3──驚喜麵包的基底雖然不是吐司,但是只使用挖下來的麵包內裡,所以將其視為與吐司同類。

麵包與食材的均衡是「法則」

「麵包與食材的平衡比較（以法式經典三明治為例）（第23頁）」的A、B、C三種分類與「世界經典三明治的「麵包」與「供應場合」（第25頁）」的甲乙丙3分類組合後，可將麵包的種類、麵包與食材之間的平衡組合分成4種。

我們將這4種分類整理成「經典三明治的組合法則」（右頁表3）。只要了解這項「法則」，就能輕鬆地了解全世界各式各樣的三明治。

這裡所稱的「法則」主要是麵包與食材在外觀上的均衡感，而為了讓各位讀者一眼讀懂所謂的均衡感，本書還特地放上各款經典三明治的大型剖面照片。

經典三明治的變化之道

為經典三明治增添變化的方式有兩種。

I.基本組合 + α
II.替換麵包與食材

I.就是在經典三明治的基本食譜另加其他元素的方法。「+α」可以從食用的場合想像，若是根據季節與當令食材細分，還能更確實地定義出「+α」的內容。本書將所有「+α」的部分稱為「+α元素」。

II.則是一邊以經典三明治為範本，一邊另行更換麵包或食材，組成新經典三明治的方法。透過這兩種方法將可輕易地組合出創意更新的經典麵包（參照右頁表4）。

就讓我們以本書的經典三明治之一「棍子麵包三明治」的基本款式「巨無霸火腿三明治」（參照46~47頁）介紹增加變化的方法吧。

I.基本組合 + α
基本組合→巨無霸火腿三明治
+ α 元素→搭配葡萄酒

II.更換麵包與食材
白火腿→鄉村火腿／黑胡椒辣烤火腿
康堤起司→卡門貝爾起司／佛姆德阿姆博特起司

III.完成變化菜單
「佛姆德阿姆博特起司&黑胡辣烤火腿」
「卡門貝爾起司&鄉村火腿」（參照48頁）

根據「搭配葡萄酒」這個+α元素思考與葡萄酒呼應的味道，再試著更換基本食材的火腿與起司，就能製作出與葡萄酒對味的原創三明治。

本書經典三明治的變化菜單都是利用這種方法設計的。

對經典三明治的期待

本書雖從各種角度分析與分類全世界的經典三明治，但三明治絕非如此講究分析的死硬之物。

經典三明治是由當地的麵包與當地才有的食材所組成，是一種誕生於麵包生活之中的食物。

倘若對全世界的經典三明治能有更深一層的理解，對三明治的看法也將有所改變。了解所謂的「法則」將有助於分析三明治的食譜，也將對這些食譜燃起有別以往的興趣，進而想在全日本甚至是全世界尋找美味的三明治。

這一切，就讓我們從本書的「對三明治世界的期待」開始吧。

表3.經典三明治的組合法則

法則類型	A	B-1	B-2	C
麵包	法國麵包（堅實系）	各國多元麵包	吐司麵包（柔軟系）	
剖面圖				
麵包與食材的平衡	食材 麵包	麵包 食材		麵包 食材
特徵	使用棍子麵包與傳統食材的極簡三明治	能感受到豐富性，品嚐到各國風味的重量級三明治	由吐司與經典食材組成的重量級三明治	由吐司麵包與經典食材組成的優質三明治
組成元素	**麵包＋主食材＋醬汁＋重點食材** ＊均衡地使用各國（各地）的麵包、傳統加工肉品與起司、特殊調味料、家常菜、各類蔬菜			

表4.經典三明治的變化之道

I.基本組合 + α

●＋α元素可透過食用場合思考具體內容

＋α元素 = 食用場合 → ＿＿＿＿＿＿＿＿＿＿＿＿＿＿＿＿＿

ex.供應場所—— 餐廳、咖啡廳、烘焙坊、外送、攤販etc.
季節———— 春、夏、秋、冬
活動———— 踏青、暑假、萬聖節、聖誕節、新年、情人節etc.

II.更換麵包與食材

●從三明治的基本組合裡更換局部（全部）元素。

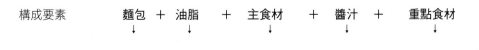

構成要素　　　麵包　＋　油脂　　＋　　主食材　　＋　醬汁　＋　　重點食材
　　　　　　　↓　　　　↓　　　　　↓　　　　　　↓　　　　　↓
　　　　　＿＿＿＿　＿＿＿＿　＿＿＿＿＿＿　＿＿＿＿　＿＿＿＿＿

III.I+II = 變化食譜

Roast Beef Sandwich

烤牛肉片三明治／England 🇬🇧

[飲食文化背景・起源]

三明治的英文為「Sandwich」，原意是指在切成薄片的麵包裡挾入食材的食物。據說英國約翰孟塔古三明治伯爵（John Montagu, fourth Earl of Sandwich,1718～1792年）為了讓賭局不因進食而中斷，曾經發明了一種「在兩片切成薄片的麵包裡挾入涼肉片」的食物，爾後這項食物也被認為是三明治的前身，自19世紀初葉之後，三明治這個單字也為世界所使用。沒人能夠確定三明治真的於賭局之中誕生，但唯一可以肯定的是，三明治絕對是一款能以單手輕鬆品嚐的食物。再者，傳說中的涼肉片也被認為是英國傳統料理所使用的烤牛肉片。在三明治之前，由麵包與食材組成的食物應該存在了，而這種連名字都沒有

的平民食物，有可能以「麵包加肉（Bread and Meat）」的名稱記載在古書裡。這種存在於傳說之中的麵包與肉品的組合並非「特別準備的食物」，而是日常隨處可見的麵包搭配吃剩的涼肉片的食物，也是從極為日常的餐桌飲食之中誕生的食譜。

有趣的是，三明治這個名稱已在各種語言扎根，正如日本國語辭典特地以片假名標記三明治。

這種麵包與食材的極簡組合既簡單又美味，也因被賦予了三明治這個名稱，發展成受全世界民眾喜愛的食譜之一。

烤牛肉片三明治

主要的烤牛肉片是由辣根醬的辣味與水芹的爽朗香氣所突顯。

麵包（角型吐司）、油脂（奶油）、主食材（烤牛肉片）、醬汁（牛肉醬汁）、重點食材
（辣根）。這個是基本元素呈現完美比例的傳說中的三明治。

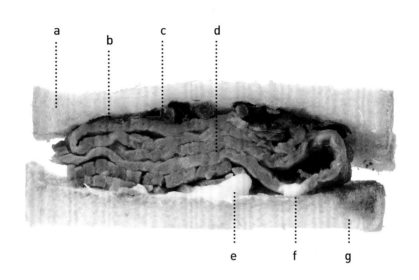

基本組合

麵包 ············	角型吐司
食材 ············	烤牛肉片、牛肉醬汁、辣根、奶油
法則類型 ········	C

a. 角型吐司
b. 奶油
c. 水芹
d. 烤牛肉片
e. 辣根奶油醬
f. 奶油
g. 角型吐司

材料　1組量

角型吐司（小／12mm切片）……2片

奶油（無鹽）……6g

辣根奶油醬＊……5g

烤牛肉片……70g

牛肉醬汁……3g

水芹……2g

鹽、白胡椒……適量

＊**辣根奶油醬**　酸奶油20g、檸檬汁2g、辣根
　5g調勻後，以鹽與白胡椒調味。

製作方法

1.將角型吐司烤至稍微變色後，在單面塗抹奶油。
　其中一塊則在奶油上層塗辣根奶油醬。

2.在烤牛肉片表面撒上些許鹽與白胡椒，再依吐司
　大小摺疊，鋪在表面塗有辣根奶油醬的吐司上。

3.將牛肉醬汁淋在烤牛肉片上，鋪上水芹，再壓上
　另一塊吐司麵包，然後將三明治切成兩半。

※原味角型吐司在英國又稱為 White Bread 。改用被稱
　為Brown Bread的粗粒全麥吐司也是不錯的選擇。

POINT

●麵包與肉類的極簡組合是三明治的骨架，較少的
　組成元素更能勾勒出食材的本質。

●吐司在稍微烤過之後，更能增添酥脆的口感與香
　氣，與烤牛肉片搭配之下也相形完美。

鋪上水芹時，記得鋪成
與下刀方向呈垂直相交
的方向。

五香煙燻牛肉&炸洋芋片三明治

五香煙燻牛肉與炸洋芋片的組合使這道三明治更有份量。
顆粒芥末醬與水芹的鮮明香氣更能刺激食慾。
完全是一道裸麥香氣與食材充分融合且滋味深奧的三明治。

材料　1組量

裸麥角型吐司（10mm切片）……2片

奶油（無鹽）……8g

五香煙燻牛肉……35g

炸洋芋片

（將馬鈴薯切成薄片後，下鍋油炸）……20g

顆粒黃芥末醬美乃滋（參照229頁）……6g

水芹……4g

鹽、白胡椒……適量

製作方法

1. 將裸麥角型吐司稍微烤過，在單面塗上奶油。

2. 將五香煙燻牛肉鋪在步驟1的吐司上，接著
   將顆粒黃芥末醬美乃滋擠在五香煙燻牛肉上
   層，再鋪上水芹。
   接著將撒了些許鹽與白胡椒的炸洋芋片鋪排
   在水芹上，然後壓上另一片吐司，再將三明
   治切成兩半。

arrange

叉燒&法式芥末肉醬三明治

法式料理常用的「芥末肉醬」同時具有芥末醬風味與酸黃瓜那恰到好處的酸味，也是常用於豬肉料理的經典醬汁，與叉燒也是十分對味。

材料　1組量
裸麥山型吐司（小／15mm切片）……2片
奶油（無鹽）……6g
叉燒（薄片）＊……70g
芥末肉醬＊＊……10g
馬鈴薯
（蒸熟後粗篩成泥，再以鹽與白胡椒調味）…20g
芝麻菜……2g
鹽、白胡椒……適量

製作方法
1.將裸麥山型吐司稍微烤過，並在單面塗上奶油。
2.依序將表面已撒上些許鹽與白胡椒的叉燒、芥末肉醬、馬鈴薯、芝麻菜鋪在步驟1的吐司上，再壓上另一塊吐司，並將三明治切成兩半。

＊**叉燒**　以棉繩綁住整塊500g的豬里肌肉，並在豬肉表面撒鹽與白胡椒，讓味道滲入肉裡。接著靜待整塊豬肉回到室溫為止。將奶油放入平底鍋裡加熱融化，再將豬肉放入鍋裡煎到表面定型，然後送入預熱至攝氏180度的烤箱裡烘烤45～50分鐘。從烤箱拿出豬肉後，在外層包上鋁箔紙，等到稍微降溫後，豬肉將會因為餘溫持續熟成至恰到好處的程度。

＊＊**芥末肉醬**　將10g的奶油放入平底鍋裡加熱融化後，倒入1/4顆量的洋蔥末炒熟，再淋入50ml的白葡萄酒，並以大火煮沸。將120ml的小牛高湯倒入鍋中，並將湯汁煮至濃稠，接著均勻拌入1大匙的顆粒黃芥末醬、1大匙的酸黃瓜（切絲）、1大匙的巴西里（切末），做為最後的提味。

Tea Sandwiches

茶點三明治／England 🇬🇧

[飲食文化背景・起源]

　　據說下午茶（Afternoon Tea）這個習慣始於英國1930年代，在維多利亞時代的上流社會女性社交場合急速普及。當時的上流社會習慣一大早就吃早餐，但晚餐卻越來越習慣往後推遲。dinner原本指的是午餐，到19世紀初期後，從傍晚延後至晚上九點。午餐（lunch）與下午茶習慣是帶有早餐到晚餐之間止餓的意思，故應運而生的正是被稱為茶點三明治（Tea Sandwiches）的高級三明治。茶點三明治的薄片麵包、簡單的素材以及小體積的形狀，都漸漸地為「上流社會的女性」所接受。正統的下午茶餐點目前已常見於咖啡廳或飯店，而在家吃的輕食或是較簡單的晚餐則僅稱為茶點（Tea）。

小黃瓜三明治 Cucumber Sandwiches

在茶點三明治之中，最具象徵地位的就是只有小黃瓜這項食材的三明治了。

據說小黃瓜在茶點三明治誕生的十九世紀中葉是高級食材。

麵包與小黃瓜全部切成薄片後，再將三明治切成一口大小，就創造出這般高雅的風味了。

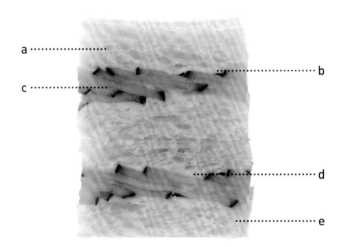

基本組合

麵包 …………	角型吐司
食材 …………	小黃瓜、奶油
法則類型 ………	C

a. 角型吐司
b. 奶油
c. 小黃瓜
d. 奶油
e. 角型吐司

材料　1組（6塊）量

角型吐司（10mm切片）……2片

奶油（無鹽）……8g

小黃瓜……1/2根

白酒醋……2小匙

鹽、白胡椒……適量

製作方法

1. 在角型吐司的單面塗上奶油。

2. 將小黃瓜剖成兩半，再直切成2mm厚的長薄片，接著鋪在淺盆子裡，撒鹽、淋上白酒醋靜置15分鐘。待小黃瓜變軟後，以餐巾紙按壓小黃瓜表面，吸除多餘水氣。這個步驟可賦予小黃瓜適當的鹹味。

3. 將步驟2的小黃瓜鋪排在角型吐司表面，撒點白胡椒，再蓋上另一塊吐司。在三明治外層包覆保鮮膜，放冰箱冷藏10分鐘，等待味道融合。

4. 從冰箱拿出三明治後，將吐司邊切下來，再分切成6等分。

POINT

● 食材雖然只有吐司、奶油與小黃瓜，但極簡風味正是這款三明治最迷人的魅力。

● 吐司切成薄片後，必須均勻地塗上大量的奶油。吐司的厚度非常重要，所以不要選擇剛烤好的吐司，而是選用已經過一段時間、麵包質地已穩定下來的吐司。

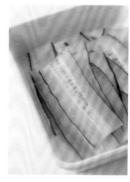

小黃瓜切成薄片後，撒鹽，再淋上白酒醋，做成醋漬小黃瓜片。　這個小小的步驟可襯托出小黃瓜本身的美味。

五種基本款的茶點三明治

接下來要為大家介紹的是,在千呼萬喚後始於下午茶時光登場的各種茶點三明治。

與切成薄片的麵包搭配的,只有很簡單的食材而已。

即便是被喻為日本三明治雛型的基本組合,只要用心製作,也能做出完全不同的滋味。

火腿與黃芥末醬

看似基本的火腿一與英式黃芥末醬的辛辣結合,立刻成了畫龍點睛的食材。
越是高級的火腿就越令人想品嚐原味。

材料　1組(6塊)
角型吐司(10mm)……2片
奶油(無鹽)……8g
白色無骨火腿 1片……(30g)
英式黃芥末醬……3g

※若手邊沒有英式黃芥末醬,可改用
　第戎黃芥末或是日式黃芥末醬。

製作方法
1. 在角型吐司的單面塗上奶油,並鋪上白色無骨火腿。
2. 另一片吐司則先塗上奶油再塗英式黃芥末,然後與步驟1的吐司疊合。以保鮮膜包覆外層後,放冰箱冷藏10分鐘,等待味道融合。
3. 將吐司邊切掉,再分切成6等分。

切達起司&小黃瓜

具有英國傳統色彩的切達起司是三明治的經典食材之一,而小黃瓜則可因切片的厚度而在口感與味道上有所改變,希望大家能自行找出這兩種食材的最佳搭配。少量的美乃滋可讓小黃瓜與起司的味道彼此融合。

材料　1組(6塊)量
粗粒全麥角型吐司(10mm)…2片
奶油(無鹽)……8g
小黃瓜(3mm薄片)……1/2根
美乃滋……3g
切達起司(切片)……1片
鹽、白胡椒……適量

製作方法
1. 在粗粒全麥角型吐司的單面塗上奶油,鋪上切達起司,再塗上美乃滋。
2. 將小黃瓜鋪在步驟1的吐司上,撒點鹽與白胡椒,再蓋上另一塊吐司。外層包覆保鮮膜後,放至冰箱冷藏10分鐘,等待味道融合。
3. 將吐司邊切下來,再分切成6等分。

煙燻鮭魚&香草奶油起司

奶油起司多了香草味,風味將變得更為清爽。煙燻鮭魚與裸麥十分對味。
改用檸檬奶油也很合適喔。

材料　1組(6塊)量
裸麥角型吐司(10mm)……2片
奶油(無鹽)……4g
煙燻鮭魚……30g
檸檬汁……1小匙
香草奶油起司(參照229頁)…　20g
鹽、白胡椒……適量

製作方法
1. 將檸檬汁淋在煙燻鮭魚上,稍微醃漬後,以餐巾紙擦乾表面多餘水分。
2. 在一片裸麥角型吐司的單面塗上奶油,另一片則塗上香草奶油起司。
3. 將步驟1的食材鋪在塗有奶油的吐司後,撒點鹽與白胡椒,再蓋上另一塊吐司。外層包覆保鮮膜後,放冰箱冷藏10分鐘,等待味道融合。
4. 切下吐司邊,再分切成6等分。

雞蛋&水芹

英國在吃蛋沙拉的時候習慣搭配被稱為水芹（Cress）的芽菜。水芹那微微的辛辣味將成為美妙的提味。如果買不到水芹，可用蘿蔔嬰或綠花椰菜芽代替。

材料　1組（6塊）量
粗粒全麥角型吐司（10mm）…2片
奶油（無鹽）……8g
蛋沙拉＊……45g
水芹……5g

製作方法
1. 在粗粒全麥角型吐司的單面塗上奶油，再將蛋沙拉均勻抹在吐司表面。鋪上水芹之後，蓋上另一塊吐司。外層包覆保鮮膜後，放冰箱冷藏10分鐘，等待味道融合。
2. 切下吐司邊，再分切成6等分。

＊蛋沙拉　先將蛋煮成水煮蛋，再剁成細塊。每一顆蛋的蛋量可與10g的美乃滋混合，之後再以鹽、白胡椒調味。

※除了茶點三明治之外，有時為了避免麵包乾燥，也會鋪上芽菜類與生菜絲。這種做法不僅美觀，還兼顧了實用。

橙皮果醬&奶油

這道茶點三明治只使用了橙皮果醬與奶油而已。橙皮的淡淡苦味與紅茶十分搭配。若只是想吃點午後點心，而不想大費周章地準備下午茶的話，不妨就選擇這道組合吧！

材料　1組（6塊）量
角型吐司（10mm）……2片
奶油（無鹽）……8g
橙皮果醬……25g

製作方法
1. 在角型吐司的單面塗上奶油與橙皮果醬後，蓋上另一塊吐司。外層包覆保鮮膜後，放至冰箱冷藏10分鐘，等待味道融合。
2. 切下吐司邊，再分切成6等分。

Column

維多利亞三明治 Victoria Sandwich

據說是這維多利亞女王最愛的英式下午茶經典蛋糕。字面上雖是三明治，但其實它並非麵包，而是一款在整顆烤好的奶油蛋糕裡挾入覆盆子果醬或草莓果醬的蛋糕，在英國也非常親民與普及。請大家千萬注意的是，這款蛋糕可是被冠上三明治的名字的喔。

All Day Breakfast

全天候早餐 🇬🇧

[飲食文化背景‧起源]

　　英國幾乎所有的飯店、賓館與咖啡廳都有全英式早餐（Full English Breakfast）。英國知名小說家毛姆（William Somerset Maugham,1874-1965）曾如此形容：在英國要餵飽一個人最好的方法就是一天三餐都吃英式早餐。這句話聽起來有些諷刺，但也意味著英式早餐就是如此豐富。由於這是一道超高人氣的料理，因此一整天都可在咖啡廳裡點到這道料理，漸漸地才又被稱為全天候早餐（All Day Breakfast）。另一方面，從在午餐常吃剩菜的十八世紀開始，單手就能輕鬆享用的三明治逐漸受到歡迎，除了到處看得見三明治吧（Sandwich Bar）這種三明治專賣店，就連咖啡館與超市也供了種類豐富的三明治。夾了早餐食材的三明治常見於廣受歡迎的 全天候早餐（All Day Breakfast） 菜單裡，而且也常在三明治專賣店裡看見類似的名稱。雖然All Day Breakfast不等於三明治，但本書仍打算介紹這道足以象徵英式料理的餐點。

basic sandwich

全天候早餐・三明治

這款三明治是在粗粒全麥吐司裡挾入整套的英式早餐。
每項食材雖然看似平凡，但組合之後卻使美味倍增。

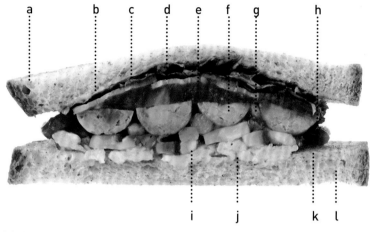

a. 粗粒全麥吐司
b. 奶油
c. 萵苣
d. 培根
e. 烤番茄
f. 生香腸
g. 燉豆
h. 番茄醬
i. 洋菇
j. 炒蛋
k. 奶油
l. 粗粒全麥吐司

基本組合

麵包 …………粗粒全麥吐司
食材 …………培根、雞蛋、烤番茄、洋菇、生香腸、燉豆、
　　　　　　　　奶油
法則類型 ………B-2

材料　1組量
粗粒全麥山型吐司（15mm切片）……2片
奶油（無鹽）……8g
萵苣……4g
培根……1片
生香腸（40g）……1根
炒蛋＊……30g
洋菇……10g
油泡糖漬番茄（參照231頁）……1片
燉豆＊＊……15g
番茄醬……6g
鹽、白胡椒、黑胡椒……適量

POINT
● 全天候早餐不可或缺的食材為培根與雞蛋，其他
　則可搭配烤番茄、洋菇、燉豆、香腸、黑布丁，
　還可在一旁附上吐司與橙皮果醬。若是打算做成
　三明治，可自行挑選喜歡的食材組合。

● 這次使用油泡糖漬番茄代替烤番茄。以平底鍋煎
　一遍，再以鹽與白胡椒調味的番茄片也可代替烤
　番茄。

製作方法
1. 在稍微烤過的粗粒全麥山型吐司的單面塗上奶油。
2. 將培根與生香腸煎熟。生香腸先垂直剖成兩半，培
　根則切成3等分。洋菇切片後，以奶油（非準備食
　材）煎過，再以鹽與白胡椒調味。
3. 將萵苣、培根、番茄、香腸、燉豆、洋菇、番茄
　醬、炒蛋依序鋪在步驟1的吐司上，撒點粗研磨的黑
　胡椒粉，再蓋上另一片吐司，然後切成兩半。

＊**炒蛋**　在一顆蛋的蛋液裡倒入1大匙牛奶後，以鹽與白胡
　　　稍微調味。取一只平底鍋加熱融化奶油後，將剛剛的蛋
　　　液倒入鍋裡拌熟。

＊＊**燉豆**　這是將白雲豆之一的海軍豆放在番茄泥與辛香
　　　　料燉煮而成的豆類料理。通常會直接使用罐頭。

圖中是全天候早餐的基
本食材，但也可視個人
口味自行搭配。

全天候早餐・帕尼諾

英國境內的三明治吧或咖啡廳都常見到這種壓式三明治。加入少量的起司按壓後,食材與麵包就會緊密地貼合在一起,也就更方便食用了。

材料　1組量
拖鞋麵包(80g)……1個
奶油(無鹽)……4g
培根……1片
生香腸(40g)……1根
炒蛋(參照41頁)……30g
洋菇……10g
番茄醬……6g
油泡糖漬番茄(參照231頁)……1片
起司絲……10g
鹽、白胡椒、黑胡椒……適量

製作方法
1.從拖鞋麵包的側面劃一道切口,並於剖面塗上奶油。
2.將培根與生香腸煎熟。生香腸切成圓片,培根則切成兩半。洋蔥切片後,以奶油(非準備食材)香煎,再以鹽、白胡椒調味。
3.依序將炒蛋、番茄醬、香腸、油泡糖漬番茄、培根、起司絲放在步驟1的麵包裡,再撒點粗研磨黑胡椒,然後放入帕尼尼烤盤壓烤。

英式馬芬早餐 · 歐姆蛋三明治

洋菇與燉豆都能當成歐姆蛋的配料。
這種組合比英式馬芬還像早餐呢。

材料　1組量

英式馬芬（60g）……1個
奶油（無鹽）……4g
培根……1塊
芝麻菜……3g
歐姆蛋
┌ 奶油（無鹽）……10g
│ 雞蛋……1顆
│ 牛奶……1大匙
│ 洋菇……2朵
└ 燉豆……15g
番茄醬……6g
鹽、白胡椒、黑胡椒……適量

製作方法

1. 以叉子將英式馬芬分成上下兩半。
2. 培根切成兩半後煎熟。洋菇切片後，以奶油（非準備食材）香煎，再以鹽與白胡椒調味。
3. 接著製作歐姆蛋。將雞蛋打成蛋液後，倒入牛奶、再撒點鹽、白胡椒調味。以平底鍋融化奶油後，將剛剛的蛋液倒入鍋中，再以長筷輕輕撥拌，等到蛋液半熟，放入步驟2的洋菇與燉豆，再以蛋液將這兩項食材包起來。
4. 將步驟1的麵包稍微烤過後，於剖面處塗上奶油，再依序挾入歐姆蛋、番茄醬、培根與芝麻菜。最後撒點粗研磨黑胡椒即可。

CASSE-CROUTE

棍子麵包起司火腿三明治／France 🇫🇷

[飲食文化背景・起源]

在法國棍子麵包挾入火腿與起司的三明治稱為「casse-croute（棍子麵包起司火腿三明治）」，在日本可說是廣為人知的一種三明治。這個名字在法文裡指的是輕食或是三明治的總稱。

在法國，麵包很少會單吃，通常會搭配著料理或至少塗點奶油、果醬，或是挾點起司或被稱為「Charcuterie」的豬肉加工品來吃。法文casser為「切割」之意，而croute則為「麵包皮」的意思。因此劃開麵包皮，再挾入起司與豬肉加工品的輕食就像是三明治一樣，所以法文的「casse-croute」就等於是英文裡的「sandwich」（三明

治）。

時至今日，法國已完全接受英文「sandwich」這個單字，法國年輕人也很鮮少使用「casse-croute」來指稱三明治。若要以我國國情來比喻的話，就像現代的台灣人較常用「刈包」這個詞，「虎咬豬」這個舊稱反而比較少見了。

正如「奶油火腿三明治（Jambon beurre）」，與「法式火腿起司三明治（jambon fromage」這兩款經典三明治，前者只使用了火腿與奶油，後者只以火腿搭配起司製成，而兩者皆以食材直接命名。

法式火腿起司三明治 Cucumber Sandwiches

jambon（火腿）與 fromage（起司）的組合，再搭配大量的奶油。
要徹底勾出棍子麵包的魅力，就是這種簡單的食材組合。
越咀嚼越覺得滋味深奧，是一款足以代表法國的三明治。

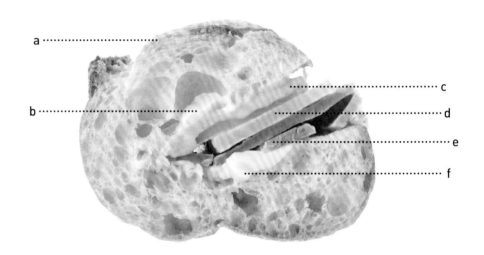

基本組合

麵包 …………	棍子麵包
食材 …………	奶油、火腿、起司
法則類型 ………	A

a. 棍子麵包
b. 奶油
c. 第戎黃芥末醬
d. 康堤起司
e. 白色無骨火腿
f. 奶油

材料　1組量

棍子麵包……1/4根

奶油（無鹽）……10g

白色無骨火腿……35g

康堤起司（切片）……15g

第戎黃芥末醬……5g

製作方法

1. 先在棍子麵包的側邊劃出刀口，並於剖面塗上奶油。
2. 依序將白色無骨火腿與康堤起司挾入棍子麵包的缺口裡，並於上方剖面抹第戎黃芥末醬。

*除了康堤起司之外，可改用格律耶爾起司或艾曼塔起司。

*可視個人口味額外挾入酸黃瓜。

*第45頁的照片上半部是挾了法式鄉村肉醬與第戎黃芥末醬的棍子麵包起司火腿三明治。

POINT

● 棍子麵包那香酥的外皮是賣點，而為了活用棍子麵包的美味，最好使用現做未經冷藏的。

● 不用擔心奶油在棍子麵包的氣泡裡結塊，大量地塗上奶油吧，不然也可以挾入冷凍過的起司片。

● 富含水分的食材會使麵包變得濕軟，所以基本上不採用。

※「法式火腿起司三明治」的jambon是法語裡的火腿，法國通常使用被稱為「jambon blanc」（白火腿）或「jambon de paris」（巴黎火腿）這類未經煙燻的大片無骨火腿。在日本可改用白色無骨三明治。火腿的品質將左右二明治是否美味，請務必選購優質的火腿。

塗上大量的奶油，即便填滿
棍子麵包的氣泡也無妨。

花點心思讓基本款的法式火腿奶油三明治與白紋起司、藍黴起司搭配出不同的變化，也透過水果乾、果醬、核果增添重點風味，讓品嚐的人享受一下味道上的對比。

佛姆德阿姆博特起司 &
黑胡椒辣烤火腿

材料　1組量
棍子麵包……1/4根
奶油（無鹽）……10g
黑胡椒辣烤火腿……1片
佛姆德阿姆博特起司……20g
藍莓果醬……10g

製作方法
1. 在棍子麵包的側面劃出刀口，並在剖面塗上奶油。
2. 將黑胡椒辣烤火腿、佛姆德阿姆博特起司挾入麵包裡，再塗上藍莓果醬收尾。

卡門貝爾起司 &
鄉村火腿

材料　1組量
棍子麵包……1/4根
奶油（無鹽）……10g
鄉村火腿……1.5片
卡門貝爾起司……1/8塊（再分切成3等分）
半乾燥杏桃……1/2顆（再分切成3等分）
核桃（烤過）……5g

製作方法
1. 在棍子麵包的側面斜切出刀口，並於剖面塗上奶油。
2. 將鄉村火腿、卡門貝爾起司、半乾燥杏桃挾入麵包，最後鋪上核桃收尾。

arrange

短棍法國麵包三明治

在基本的奶油疊上優質火腿、大量蔬菜與美乃滋，做成沙拉形式的三明治。若是選用麵包內裡比例較高的短棍法國麵包，將能嚐到麵包與食材之間的美妙平衡。

材料　1組量

短棍法國麵包（20mm厚的切片，並施以蝴蝶刀刀口）……1塊

奶油（無鹽）……10g

萵苣……15g

顆粒黃芥末醬美乃滋（參照229頁）……8g

番茄（半月形切片）……2片

里肌火腿……2片

製作方法

1. 在短棍法國麵包內側抹上奶油。

2. 萵苣對摺後挾入短棍法國麵包裡，再於萵苣擠上顆粒黃芥末醬美乃滋。接著再將番茄與對摺的里肌火腿挾入麵包裡。

Column

巧克力棍子麵包三明治 pain et chocolat

在棍子麵包側邊劃出刀口後，挾入巧克力板就完成了。風味香甜的棍子三明治是法國媽媽為孩子們準備的經典點心。這種大膽的組合或許有點難以置信，但棍子麵包的酥香與巧克力板實在對味，可自行選擇微苦風味或牛奶風味的巧克力板。這款三明治也很適合抹上大量奶油，吃的時候就暫且把卡路里這回事拋到腦後吧。

TARTINE

法式麵包片／France

[飲食文化背景‧起源]

　　所謂的「Tartine」就是塗抹（tartiner）這個動詞的名詞形，本來是指塗了果醬、奶油與肉醬的麵包片。法式早餐習慣將棍子麵包水平切成兩片，再塗上蜂蜜、果醬與奶油。近年來的法國也將使用傳統鄉村麵包製成的開口三明治（Gourment Open Sandwich）稱為法式麵包片，也漸漸擄獲了眾人的心，也逐漸在日本展開知名度。

法式肉醬泥麵包片

肉醬泥（rillettes）指的是以油脂長時間燉煮豬肉或家禽肉，再打成泥狀的醬料。在麵包表面塗上這種肉醬泥是法國麵包常見的吃法之一，也是麵包片的雛型。若是附上第戎黃芥末醬或酸黃瓜，酸味、辣味與口感都將為這道麵包增添重點，也讓油脂豐厚的肉醬泥更形美味。

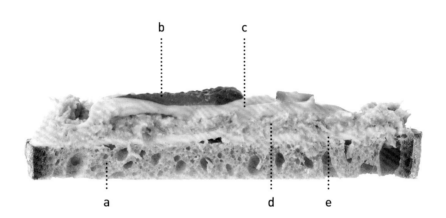

基本組合

麵包 …………	法國鄉村麵包
食材 …………	肉醬泥、奶油
法則類型 ………	B-1

a. 法國鄉村麵包
b. 酸黃瓜
c. 第戎黃芥末醬
d. 豬肉肉醬泥
e. 奶油

材料　1組量

法國鄉村麵包（10mm切片）……1片

奶油（無鹽）……適量

豬肉肉醬泥＊……適量

第戎黃芥末醬……適量

酸黃瓜……適量

黑胡椒……適量

製作方法

1.在法國鄉村麵包表面塗上奶油與豬肉肉醬泥。

2.再塗上第戎黃芥末醬、酸黃瓜片與粗研磨的黑
　胡椒。

＊**法式豬肉肉醬泥**　將500g的豬五花切成2cm丁狀，放
　入壓力鍋快炒，待肉變色後，將2片量的蒜末、一顆
　量的中型洋蔥放入鍋中一同拌炒，等到洋蔥炒熟，倒
　入120ml的白葡萄酒，稍微煮一下，再將黏在鍋底的
　肉汁刮下來，讓肉汁與湯汁融合。接著倒入滿鍋的水
　（非準備食材），再倒入2小匙的鹽、辛香料（月桂
　葉1瓣、百里香1枝、黑胡椒（粗研磨）1/2小匙、凱
　焰辣椒粉1/8小匙、適量白胡椒，蓋上鍋蓋，加壓燉
　煮20分鐘。待20分鐘過去後，啟動急冷功能，掀開
　蓋子，若水分過多可以大火加熱煮至揮發。待餘熱消
　散，將月桂葉與百里香挑出來，再將食材倒入食物調
　理機打成口感綿滑的肉醬泥。

※奶油可視個人喜好使用，只塗肉醬泥也是不錯的選擇。

POINT

● 發揮選用的法式鄉村麵包特性是這道三明治的關
　鍵，假若選用的是質地紮實的鄉村麵包，可將麵包
　切得薄一點，若使用有大氣孔、質地柔軟的鄉村麵
　包，則可稍微切厚一點，藉此調整食材與麵包之間
　的平衡感。

● 將切好的麵包稍微烤一下，讓表面被烤得酥香，就
　能增加美妙的口感。

辛香料、香菜與美味的鹽都
能勾引出豬肉的鮮味，做出
風味絕佳的肉醬泥。

arrange

以水果與起司和加工肉品的組合，搭配出全新風味的法式麵包片。
甜味、酸味、焦香口感交織之下，味覺也將盡情擴張。

佛姆德阿姆博特起司與香蕉

材料　1組量
法國鄉村麵包（12mm切片）……1片
奶油（無鹽）……4g
黑胡椒辣烤火腿……1片
佛姆德阿姆博特起司……6g
香蕉（7mm厚的斜切片）……3片
蜂蜜……6g
核桃（烤過）……5g

製作方法
1. 將法國鄉村麵包先輕微地烤到表面乾燥的程度，再塗上奶油。
2. 將切成三塊的黑胡椒辣烤火腿與香蕉片交互重疊，再均勻撒上剁碎的佛姆德阿姆博特起司，然後淋上蜂蜜。
3. 鋪上剁碎的核桃，再將麵包片放入烤箱，烤到起司融化為止。

卡門貝爾起司與蘋果

材料　1組量
法國鄉村麵包（12mm切片）……1片
奶油（無鹽）……4g
鄉村火腿……1片
卡門貝爾起司……1/8塊
蘋果（4mm厚的切片）……3片
覆盆子果醬……6g
蜂蜜……6g
核桃（烤過）……5g

製作方法
1. 法國鄉村麵包先輕微地烤到表面乾燥的程度，再塗上奶油。
2. 鋪上鄉村火腿，再交互鋪疊蘋果片與切成4等分的卡門貝爾起司，塗上覆盆子果醬後，再撒上剁碎的核桃。

法式早餐 petit déjeuner

早餐吃的法式麵包片

這款法式麵包片很簡單，只需先將棍子麵包水平切開，然後在一旁附上符合個人口味的果醬、肉醬或奶油。這款最簡單，也最為人熟悉的法式早餐麵包片看似平凡，但只要增加附在一旁的「塗料」，就能變化出無窮樂趣。塗上巧克力醬的麵包片與巧克力板的棍子三明治排在一起，就成了孩子們的點心（gouter）……也是味道富有層次的經典麵包片。

材料

棍子麵包……適量
果醬、蜂蜜、奶油、巧克力醬
這類塗在麵包上的食材 … 適量

半熟蛋細長麵包條
œuf à la coque et mouillettes

「oeuf a la coque」指的是半熟蛋＊，而旁邊附有半熟蛋且切成細長條狀的麵包就稱為「mouillettes」。這款法式早餐的麵包可選擇將法式白吐司切成細條，塗上奶油後送進烤箱烘烤，或是將棍子麵包切成細長狀，之後再附上只以鹽或胡椒調味的半熟蛋，口味雖然簡單，卻是最棒的麵包品嚐方式。
這種與日本拌蛋飯共通的單純，可說是尋找麵包與食材搭配的原點。

＊半熟蛋的製作方法　先讓雞蛋回復室溫，接著將雞蛋放入煮沸的熱水裡煮3分鐘，取出蛋再放入冷水降溫。從上方剝開蛋殼後，以鹽、粗研磨的黑胡椒調味，就能搭配麵包一同享用了。

CROQUE-MONSIEUR

火腿起司三明治／France

[飲食文化背景‧起源]

　　這是一款將切成薄片的格律耶爾起司與火腿挾入法式白吐司的熱三明治。約莫在西元1910年，這款熱三明治在巴黎的歌劇院附近卡布辛大道的咖啡館以輕食之姿登場。「croquer（酥脆的口感）」與「monsieur（紳士、男性）」這兩個單字組合後，直譯的意思就是「酥脆的紳士」。原本就是以奶油香煎挾有火腿與起司的三明治，所以口感當然是「酥脆」囉。由於吃的時候會發出不太優雅的喀哩喀哩聲，所以在當時幾乎都只有男性在吃。目前已成為咖啡館或法式小酒館的代表輕食之一。

basic sandwich

火腿起司三明治

成分只有火腿、起司、奶油與麵包。雖然是三明治最基本的組合，烤過之後可讓風味大增。不使用白醬的經典火腿起司三明治能嚐得到十分鮮明的食材原味。

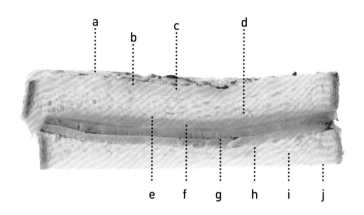

a. 黑胡椒
b. 格律耶爾起司
c. 奶油
d. 角型吐司
e. 奶油
f. 格律耶爾起司
g. 白色無骨火腿
h. 奶油
i. 角型吐司
j. 奶油

基本組合

麵包 ……………	吐司麵包
食材 …………	火腿、起司、奶油
法則類型 ………	C

材料　1組量

角型吐司（小／12mm厚切片）……2片
奶油（無鹽）……12g
白色無骨火腿……20g
格律耶爾起司（切片）……1片
格律耶爾起司（切絲）……20g
黑胡椒……適量

製作方法

1. 先將奶油放入鍋裡加熱融化，再將奶油塗在角型吐司的兩面。在其中一片麵包鋪上白色無骨火腿與格律耶爾起司（切片），然後蓋上另一片吐司。

2. 在步驟1的三明治鋪上格律耶爾起司絲，接著將三明治放入烤箱裡，烤到起司融化與麵包變色，再視個人口味撒上些許粗研磨的黑胡椒。

＊格律耶爾起司可全部使用絲狀的。本書選擇了方便挾在麵包裡的起司片，另外又在麵包上方使用較容易融化的起司絲。

POINT

● 同時使用兩種起司可讓風味更佳，因此為了讓綜合起司絲的風味提昇，可另外摻入格律耶爾起司或艾曼塔起司。

● 近年來，使用白醬的火腿起司三明治較為普遍，但三明治原有的酥脆口感將變得淡薄，而且會偏向焗烤的風味。因此白醬的有無與份量可依想吃的口味與口感來決定。

加上白醬，就轉變成焗烤風味，口感也將改變。

太陽蛋火腿起司三明治

在基本款的火腿起司三明治放上一顆太陽蛋,就成了太陽蛋火腿起司三明治(croque-madame)。讓我們將半熟的蛋黃當成醬料來吃吧。火腿也可替換成雞肉喔。

材料　1組量
山型吐司(小／ 12mm切片)……2片
奶油(無鹽)……9g
塊狀無骨火腿……1片
白醬(參照226頁)……8g
起司絲(格律耶爾起司與艾曼塔起司各半)…40g
雞蛋……1顆
沙拉油……適量
鹽、黑胡椒……適量

製作方法
1. 先在其中一片山型吐司的單面抹上奶油,另一片則兩面都抹上奶油。接著在單面抹上奶油的吐司抹上半量的白醬,再鋪上塊狀無骨火腿與半量的起司絲,然後將剛剛兩面塗有奶油的吐司蓋上去。
2. 將剩下白醬、起司絲鋪在步驟1的吐司上,再進烤箱烤到起司融化,麵包表面帶有焦色為止。
3. 趁著烤麵包的時候製作太陽蛋。先在平底鍋裡倒入沙拉油加熱,再將雞蛋打入鍋中,煎到蛋黃半熟為止。
4. 在太陽蛋表面撒鹽、胡椒,再將太陽蛋鋪在步驟2的吐司上。

arrange

焗烤糖漬胡蘿蔔的
火腿起司三明治

非甜的糖漬胡蘿蔔與白醬搭配而成的溫柔滋味。紅胡椒粉的馨香也成了恰到好處的提味,可說是一道充滿料理感的火腿起司三明治。

材料　1組量
角型吐司(12mm切片)……2片
奶油(無鹽)……12g
白醬(參照226頁)……20g
起司絲(格律耶爾起司與艾曼達起司各半)…40g
鄉村火腿……1片
糖漬胡蘿蔔＊……15g
紅胡椒粒……適量

＊**糖漬胡蘿蔔**　先將一根中型胡蘿蔔切成1cm的丁狀,接著在鍋裡倒入1大匙奶油、1小撮鹽、3大匙細砂糖,然後再倒入能淹過胡蘿蔔的水量,加熱至胡蘿蔔煮軟為止。

製作方法
1. 在其中一片的角型吐司單面塗上奶油,另一片則兩面都塗上奶油。接著將鄉村火腿、糖漬胡蘿蔔、紅胡椒粒、半量的白醬、1/3量的起司依序鋪在單面塗有奶油的吐司上,再將另一片吐司蓋上去。
2. 將剩下的白醬、起司鋪在步驟1的吐司上,再將吐司送入烤箱烤至起司融化,麵包表面帶有焦色為止。
3. 將吐司邊切下來,再將吐司切成兩半,最後鋪上紅胡椒粒即可。

 arrange

焗烤南瓜培根風的
火腿起司三明治

鬆軟的南瓜與培根十分合拍。溫潤的滋味遇到粗研磨的黑胡椒後將變得更為濃厚。將南瓜換成地瓜或馬鈴薯也是不錯的選擇喔。

材料　1組量
角型吐司(12mm切片)……2片
奶油(無鹽)……6g
白醬(參照226頁)……20g
起司絲(格律耶爾起司與艾曼達起司各半)…40g
培根(8mm薄片／短條狀)……1/2片
南瓜(切片)……25g
橄欖油……適量
鹽、黑胡椒……適量

製作方法
1. 將南瓜鋪在淺盆子裡,再撒上鹽、黑胡椒與橄欖油,然後送進烤箱烘烤。
2. 將培根放入平底鍋拌炒,用餐巾紙將多餘的油吸掉。
3. 在其中一片的角型吐司單面塗上奶油,另一片則兩面都塗上奶油。接著將步驟1的南瓜、步驟2的培根、半量的白醬、1/3量的起司依序鋪在單面塗有奶油的吐司上,再將另一片吐司蓋上去。
4. 將步驟3用剩下的白醬與起司鋪在吐司上,再將吐司送入烤箱烤至起司融化,麵包表面帶有焦色為止。
5. 切下吐司邊,並將吐司切成兩半,最後撒點黑胡椒收尾即可。

PAN-BAGNAT

法國尼斯三明治／France

　　這是一道以繽紛色彩吸引眾人目光，來自南法尼斯地區的沙拉風三明治。pan-bagnat在南法的意思是「浸泡過橄欖油的麵包」，因此最大的特徵就在於麵包吸收了橄欖油與蔬菜的水分。這次的三明治使用的是原版的尼斯風沙拉，也因此增添了不少地區性色彩。

　　一般的三明治都會希望麵包不要吸收太多食材的水分，但這款三明治與眾不同，只有在橄欖油、油醋與番茄的水分滲入麵包之後才顯得好吃。

basic sandwich

法國尼斯三明治

與正常三明治唱反調—「讓麵包吸收水分」是這款三明治的最大重點。

麵包、沙拉、橄欖油、油醋醬形成絕妙的調和，是沙拉風三明治的最佳傑作。

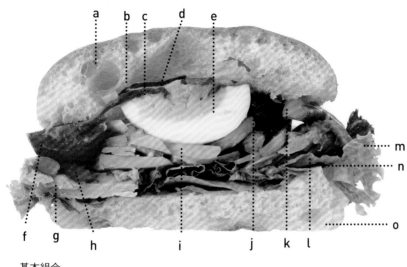

a. 麵包
b. 初榨橄欖油
c. 鯷魚
d. 紫洋蔥
e. 水煮蛋
f. 小番茄
g. 鮪魚肉
h. 彩椒
i. 芹菜
j. 黑橄欖
k. 四季豆
l. 萵苣
m. 紅葉萵苣
n. 初榨橄欖油
o. 麵包

基本組合

麵包 ·············	小型圓麵包
食材 ·············	初榨橄欖油、番茄、鮪魚肉、雞蛋、鯷魚、彩椒、橄欖以及其他食材
法則類型 ·········	C

材料　1組量

佛卡夏麵包（60g）……1個

初榨橄欖油……5g

萵苣、紅葉萵苣……6g

水煮蛋……1/2顆

小番茄（切成兩半）……2顆

紫洋蔥（切片）……5g

芹菜（切片）……5g

彩椒（紅、黃／切片）……8g

四季豆（鹽水汆熟）……6g

黑橄欖……3顆

鮪魚肉（油漬）……10g

油醋醬＊……15g

大蒜……1/2片

鹽、黑胡椒……適量

製作方法

1. 將佛卡夏麵包切成上下兩半，然後拿大蒜在剖面塗抹一會兒之後，塗上初榨橄欖油。

2. 將小番茄、紫洋蔥、芹菜、彩椒、四季豆、鮪魚肉以油醋醬調和。在水煮蛋上撒鹽與黑胡椒。

3. 將萵苣與紅葉萵苣鋪在麵包上，再依序鋪上鮪魚肉、以油醋醬調和的蔬菜、水煮蛋、鯷魚、黑橄欖，再將另一半的佛卡夏蓋上去。

＊**油醋醬**　將60ml的白酒醋、1小匙的鹽、少許白胡椒、10g的洋蔥泥、1小匙的第戎黃芥末醬、1/2小匙的蜂蜜、1/2小匙的蒜泥拌勻後，與60ml的初榨橄欖油以及140ml的沙拉油調和，讓醬汁產生乳化效果。

POINT

● 初榨橄欖油請選擇香氣高雅的種類。

● 請在挾入麵包之前就先以油醋醬調和蔬菜。簡單的調味可突顯蔬菜原有的香氣。

● 使用容易咬開的柔軟系麵包，就能更津津有味地品嚐挾在麵包裡的食材。

尼斯風馬鈴薯沙拉的維也納三明治

為了方便挾進麵包，特地將尼斯風沙拉調整成馬鈴薯沙拉。
充滿鯷魚、橄欖、大蒜香氣的大蒜蛋黃醬傳來陣陣南法風情。

材料　1組量

維也納麵包（85g）⋯⋯1根
大蒜蛋黃醬⋯⋯3g
奶油（無鹽）⋯⋯4g
尼斯風馬鈴薯沙拉*⋯⋯45g
水煮蛋⋯⋯1顆
半乾燥番茄⋯⋯7g
四季豆（以鹽水氽熟，再切成2cm長）⋯⋯5g
小番茄（剖半）⋯⋯2顆
芝麻菜⋯⋯3g
鹽、黑胡椒⋯⋯適量

製作方法

1. 在維也納麵包的側邊劃一道刀口後，在下方的剖面塗奶油，上方的剖面塗大蒜蛋黃醬。
2. 水煮蛋切片後挾入維也納麵包裡，撒點鹽與白胡椒，再依序鋪上尼斯風馬鈴薯沙拉、切成小塊的半乾燥番茄、四季豆、小番茄與芝麻菜。

*尼斯風馬鈴薯沙拉　先將400g的馬鈴薯放入熱水氽煮，等到馬鈴薯變軟後，在馬鈴薯泥裡倒入2大匙油醋醬、1小匙第戎黃芥末醬、鹽、白胡椒粉醃漬。接著將馬鈴薯泥調入20g的紫洋蔥片、15g的鯷魚泥、20g的黑橄欖片的食材裡，再拌入30g的美乃滋，最後以鹽與白胡椒調味。

普羅旺斯燉菜與香辣軟式莎樂美腸的拖鞋麵包三明治

以南法香草添香的普羅旺斯燉菜、香辣的莎樂美腸、起司與香氣鮮明的橄欖醬調和後，就成了一種奢華的味道。

讓麵包吸收充滿蔬菜甜味的湯汁後，即便放冷了也無損美味。

材料　1組量

拖鞋麵包（80g）……1個
初榨橄欖油……2小匙
香辣軟式莎樂美腸……3片
普羅旺斯燉菜＊……50g
帕瑪森起司粉……1小匙
芝麻菜……5g
橄欖醬……2g

製作方法

1. 切開拖鞋麵包的側邊，在上下方的剖面淋上初榨橄欖油，接著在上方的剖面塗橄欖醬。
2. 將香辣軟式莎樂美腸挾進麵包裡，鋪上普羅旺斯燉菜，再撒點帕瑪森起司粉，然後鋪上芝麻菜即可。

＊**普羅旺斯燉菜**　先將大蒜剁成蒜泥，再將其他蔬菜 [番茄3顆、彩椒（紅、黃）各1顆、茄子2根、櫛瓜1根、中型洋蔥1顆] 切成一口大小。將橄欖油與大蒜倒入鍋裡爆香，炒至香氣溢出鍋外後，再將剛剛的蔬菜倒入鍋中一同拌炒。倒入1罐水煮番茄罐頭後，倒入鹽、白胡椒與普羅旺斯香菜燉煮。

※放涼後，可放至冰箱冷藏。經過一晚的熟成，將使美味倍增。

PAIN SURPRISE

驚喜麵包／France

[飲食文化背景·起源]

若按字面直譯，pain surprise該被譯成「驚喜麵包」，而這款麵包屬於派對裡的經典麵包料理，在法國，通常由被稱為「traiteur」的外燴業者製作。使用的麵包雖沒有固定的形狀，但通常會選擇具有一定高度的麵包。將麵包內裡全數挖出，再將法式肉醬泥或起司糊這類方便挾在麵包裡的食材，挾在剛剛挖出來的麵包內裡，然後將這些麵包內裡放回剛剛被挖空的麵包裡，蓋上蓋子，再綁個緞帶，就是一道能端上檯面的佳餚了。有些驚喜麵包的做法是先挖出麵包內裡，然後將麵包內裡直接切片做成三明治，再沿原本的形狀堆回麵包裡，有的則利用動物造型或其他形狀的麵包製作。

basic sandwich

驚喜麵包

常被當成派對的前菜，伴著香檳一同享用的三明治。
切成薄片的麵包較適合與高級食材搭配。

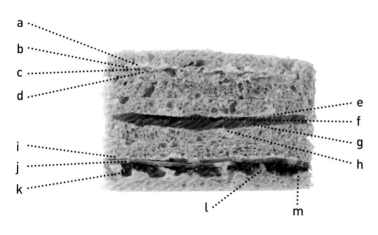

❶
a. 奶油
b. 第戎黃芥末醬
c. 酸黃瓜
d. 法式豬肉肉醬泥
❷
e. 檸檬奶油
f. 蒔蘿
g. 煙燻鮭魚
h. 檸檬奶油
❸
i. 奶油
j. 黑胡椒辣烤火腿
k. 波特酒燉無花果乾
l. 核桃（烤過）
m. 洛克福藍紋起司

基本組合

麵包	裸麥麵包
食材	奶油、法式肉醬泥、起司、生火腿、煙燻鮭魚
法則類型	C

材料　1組量
裸麥麵包……1個
奶油（無鹽）
法式豬肉肉醬泥（參照53頁）
酸黃瓜
第戎黃芥末醬
洛克福藍紋起司（食譜請參照215頁）
核桃（烤過）
波特酒燉無花果乾＊
檸檬奶油（參照215頁）
蒔蘿
煙燻鮭魚……上述材料各適量

POINT
- 麵包內裡太軟就不方便挖出來，所以才選擇內裡較為紮實的裸麥麵包。可先在外層包上保鮮膜，放置一天之後再使用。
- 麵包可使用以鏤空模型烘烤、具有一定高度的種類，之後才容易將麵包內裡挖出來。
- 肉醬泥、起司、鮭魚這些用來搭配的食材最好選擇味道單純一點的，而為了之後填入麵包製作的容器裡，也要注意份量的拿捏。

這次製作的三明治共有3種，各自的步驟如下：
❶ 將法式豬肉肉醬泥塗在麵包上，再鋪上切碎的酸黃瓜。另一片麵包塗過奶油與第戎黃芥末醬之後，蓋在另一片鋪有食材的麵包上。
❷ 在麵包塗上檸檬奶油後，鋪上煙燻鮭魚與蒔蘿。在另一片麵包塗上香草奶油起司後，蓋在剛剛鋪上食材的麵包上。
❸ 在麵包表面塗上洛克福藍紋起司，再將核桃與切成小塊的波特酒燉無花果乾鋪上去。另一塊麵包塗好奶油後，蓋在已鋪食材的麵包上。

＊**波特酒燉無花果乾**　先以熱水稍微汆燙無花果乾，再將無花果乾、波特酒與蜂蜜倒入小鍋裡，並且加入少量水分。煮到無花果乾變軟後，連同湯汁一併靜置待涼，讓無花果乾充分吸收湯汁的味道。

BLT

培根生菜番茄三明治／America 🇺🇸

[飲食文化背景・起源]

這是一款取培根（Bacon）、生菜（Lettuce）、番茄（Tomato）英文名稱首字所命名的三明治，也是足以代表美國的三明治之一。在英國誕生的三明治是在1920年代傳入美國。與目前BLT三明治相似的培根三明治從1930年代到1950年代開始普及，也在這段時期慢慢地成為一道晚餐也受歡迎的料理之一。據說當時的顧客習慣在點餐時，只在點單上寫下這三種食材的第一個英文字母，因此這個縮寫也慢慢地成為這道三明治的正式名稱。烤得酥脆的培根、沁涼的生菜、多汁的番茄是最基本的組合，其他還有搭配起司、雞蛋或酪梨這類食材的版本，版本可說是非常豐富。在日本也是一道非常流行的三明治。

BLT

儘管這是一道充滿美式特色、份量十足的美式三明治,能以吃沙拉的感覺享受這單純的美味,正是這款三明治的人氣祕密。

培根、生菜、番茄這三種食材都是主角,所以拿捏三者的均衡是非常重要的一環。

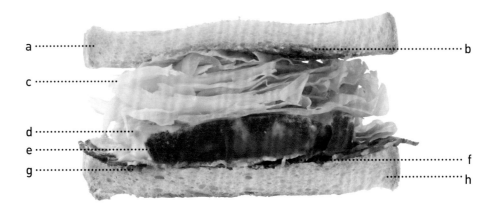

基本組合

麵包 …………	吐司
食材 …………	培根、生菜、番茄、美乃滋、奶油
法則類型 ………	B-2

a. 角型吐司

b. 奶油

c. 生菜

d. 番茄美乃滋

e. 番茄

f. 培根

g. 奶油

h. 角型吐司

材料 1組量

角型吐司（15mm切片）……2片
奶油（無鹽）……6g
生培根（切片）……2片
番茄（大顆／12mm切片）……1片
番茄美乃滋＊……8g
生菜……30g
鹽、黑胡椒、白胡椒……適量

製作方法

1. 將生培根切成兩半，放入平底鍋煎至酥脆為止。以餐巾紙將鍋裡多餘的油吸掉後，撒點粗研磨的黑胡椒。
2. 稍微烤過吐司後，在單面塗上奶油。
3. 依序將生培根、鹽、抹過白胡椒的番茄、番茄美乃滋鋪在步驟2的吐司上。
4. 將生菜摺成不會突出吐司的大小後，鋪在番茄上面，再將另一片吐司蓋上去。

＊**番茄美乃滋** 將20g的美乃滋、15g的番茄醬、5g的第戎黃芥末醬、少許的凱焰辣椒粉調勻，即可製成番茄美乃滋。

POINT

● 生菜不用撕成小片，直接摺成需要的大小再挾入吐司裡（參照235頁），就能替整個三明治增加不少份量。

● 培根的品質將左右這款三明治的風味，建議選用高級的培根，使用前先將培根煎得酥脆。

● 番茄可切成切片，才能突顯多汁的口感，而使用大量生菜則可增添清脆水嫩的口感。

● 美乃滋是這款三明治的基本醬汁，但隨著調味料的添加，可讓整體的滋味變得更加豐富。

正因為選用的是如此簡單的食材，所以才更需要注意品質與份量。

凱撒沙拉風BLCT

這是一款在BLT加入C=起司的三明治。重點在於讓人感受凱撒沙拉的風味，以及額外添加的帕瑪森起司。

材料　1組量
粗粒全麥吐司（20mm切片）……2片
奶油（無鹽）……8g
厚切培根（8mm切片）……1片
番茄（大顆／12mm切片）……1片
凱撒沙拉醬*……15g
帕瑪森起司（粉狀）……5g
蘿蔓萵苣……30g
鹽、黑胡椒……適量

製作方法
1. 將厚切培根對半切開，放入平底鍋乾煎，再利用餐巾紙將鍋裡多餘的油分吸除，然後撒點粗研磨的黑胡椒。
2. 稍微烤過吐司後，在單面塗上奶油。
3. 將厚切培根、鹽、撒了粗研磨黑胡椒的番茄片鋪在步驟2的吐司表面後，淋上凱撒沙拉醬，再撒上帕瑪森起司粉。
4. 將一整片蘿蔓萵苣摺成能收在吐司面積之內的大小，鋪在番茄上層後，蓋上另一片吐司，再將三明治切成兩半。

＊凱撒沙拉醬　將2大匙帕瑪森起司粉、2大匙美乃滋、2大匙初榨橄欖油、1大匙牛奶（或鮮奶油）、1小匙檸檬汁、1片大蒜、2片鯷魚以手持式電動攪拌棒打成質感綿滑的醬汁，再以鹽與白胡椒調味。

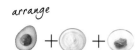

BLAT

加了超人氣食材－酪梨的BLAT可利用芥末與醬油調拌而成的美乃滋，搖身一變成為日式風味。
以漢堡麵包來製作這款三明治也很適合喔。

材料　1組量

胚芽山型吐司（12mm切片）……2片
奶油（無鹽）……6g
生培根……2片
番茄（大顆／12mm屑片）……1片
芥末醬油美乃滋*……8g
酪梨……1/2顆
檸檬汁……1大匙
生菜……30g
鹽、黑胡椒、白胡椒……適量

製作方法

1. 將生培根切成兩半後，放入平底鍋乾煎，並利用餐巾紙將鍋底多餘的油分吸除，然後撒上粗研磨的黑胡椒。將酪梨切成兩半，剝皮去籽，再垂直切成長片，然後淋上檸檬汁備用。
2. 稍微烤過吐司後，在單面塗上奶油。
3. 將步驟1的生培根、鹽、撒滿粗研磨黑胡椒的番茄，鋪在步驟2的吐司表面，再淋上芥末醬油美乃滋。接著鋪上酪梨，再撒上些許鹽與白胡椒。
4. 將一整片蘿蔓萵苣摺成能收在吐司面積之內的大小，鋪在番茄上層後，蓋上另一片吐司，再將三明治切成兩半。

* **芥末醬油美乃滋**　將50g的美乃滋、5g的醬油與3g的芥末調勻即可。

Club Sandwich

總匯三明治／France 🇺🇸

所謂的總匯三明治（Club Sandwich）又稱 triple decker sandwich，是一種由三片吐司交疊而成的三明治，也有人將這款三明治稱為 Clubhouse Sandwich，裡頭主要塞滿了培根、雞肉、番茄、生菜、雞蛋以及美乃滋這類美式三明治的基本食材。總匯三明治的起源眾說紛云，但其中最有力的說法應該是在1890年代的社交俱樂部裡誕生，慢慢地傳遍大街小巷。由於總匯三明治是由2～3種三明治組合而成，所以份量堪稱重量級，光是一塊就等於一頓正餐，也因此廣受歡迎。總匯三明治在法國被定位為高級輕食，通常能在一流飯店或老牌咖啡廳得見芳蹤。

總匯三明治

感覺上，就像是兩套經典食材組成一套的三明治，散發著一股華麗的印象，也擁有代替正餐的份量感。縱使只是基本的組合，也能在醬汁與調味上多加琢磨，創造各式各樣的版本。

請試著選擇不同的香草與調味料，找出最適合自己口味的配方吧。

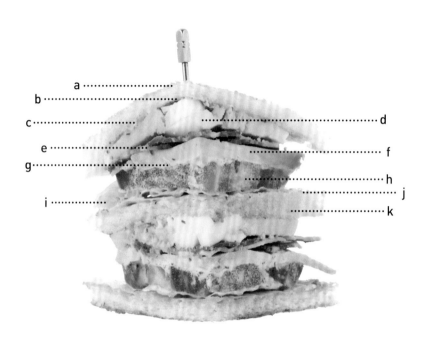

基本組合

麵包 ⋯⋯⋯	角型吐司
食材 ⋯⋯⋯	香烤雞肉、番茄、生菜、培根、雞蛋、美乃滋、奶油
法則類型 ⋯⋯⋯	B-2

a. 角型吐司

b. 奶油

c. 香草美乃滋

d. 水煮蛋

e. 培根

f. 香烤雞肉

g. 香草美乃滋

h. 番茄

i. 生菜

j. 奶油

k. 角型吐司

材料 1組量
角型吐司（10mm切片）……3片
奶油（無鹽）……12g
香烤雞肉（切片）＊＊……60g
生培根……4片
水煮蛋……2顆
番茄（大顆／7mm切片）……2片
香草美乃滋＊……12g
生菜……6g
鹽、白胡椒、黑胡椒……適量

POINT

●這次使用了三片吐司，所以能一次挾入大量而均衡
的食材。食材的搭配與鋪疊的順序與平衡都比利用
兩片吐司製作的時候，更能突顯每種食材的原味，
也顯得更有份量。

●吐司可選擇薄片的種類。稍微烤過後，三片吐司就
更容易組合起來。食用前，為了方便入口，不妨先
將吐司邊切掉。分切成小塊時，可使用點心叉固定
形狀。

●可依同樣的順序鋪疊兩層相同的食材，組合出全新
的總匯三明治。

製作方法

1.先將三片角型吐司稍微烤過，其中一片雙面塗奶
油，另外兩片僅單面塗奶油。

2.將生培根放入平底鍋乾煎，再以餐巾紙將多餘的油
分吸除。

3.在兩片吐司上（其中一片是兩面都塗有奶油的吐
司，這片吐司後來要挾在中間當夾層）分別鋪上生
菜與番茄，接著在番茄淋上香草美乃滋，然後再依
序鋪上培根、香烤雞肉、撒了鹽、白胡椒的水煮蛋
切片，之後在水煮蛋切片淋上少量的香草美乃滋。

4.將步驟3的兩組吐司重疊成一組，再蓋上另一片吐
司，然後沿對角線將三明治分切成4組。

＊香草美乃滋　義大利巴西里、龍蒿、蝦夷蔥拌在一起，再
將5g的量切成細末，然後與50g美乃滋調勻。

＊＊香烤雞肉　在雞腿肉撒上大量的鹽與白胡椒。待醃漬入
味後，取一只平底鍋加熱融化奶油（無鹽），再以雞皮
朝下的方向將雞腿肉放入鍋中油煎。等到雞腿肉煎出金
黃色，移到淺盆子裡，再送入預熱至攝氏180度的烤箱烤
10分鐘。從烤箱取出後，以鋁箔紙包覆並放在溫暖的地
方，等待雞腿肉因為餘熱而完全熟成。

吐司可先稍微烤過，如此就
算是薄片吐司，也能輕易地
挾住食材。

特別版總匯三明治

疊上以松露油點香的歐姆蛋與起司，做成這道小小奢華的總匯三明治。
就算只是基本的素材，改變搭配方式也能一改原有的風貌。

材料　1組量
角型吐司（裸麥／10mm切片）……3片
奶油（無鹽）……12g
香烤雞肉（切片）……15g
培根（4mm切片）……1片
雞蛋……1顆
牛奶……1大匙
松露油……適量
格律耶爾起司（切片）……1片
番茄（大顆／7mm切片）……1片
香草美乃滋（參照75頁做法）……12g
生菜……4g
鹽、白胡椒……適量

製作方法
1. 先稍微烤過角型吐司，其中一片雙面塗奶油，另外兩片單面塗奶油。
2. 培根切成3等分後，放入平底鍋乾煎，再以餐巾紙吸除多餘的油脂。
3. 將雞蛋打在盆子裡，再均勻拌入牛奶與松露油（少量即可），接著以鹽與白胡椒調味。將奶油放入鍋子裡加熱融化後，將剛剛的雞蛋煎成歐姆蛋。
4. 在單面塗有奶油的一片吐司依序鋪疊生菜、番茄、香草美乃滋、香烤雞肉，接著疊上雙面塗有奶油的吐司，然後鋪上格律耶爾起司、培根與歐姆蛋，再淋上香草美乃滋，最後將另一片吐司蓋上去。
5. 切掉吐司邊後，再分切成3等分。

arrange

印度烤雞版的總匯三明治

香辣雞肉加上印度酸甜醬的異國風味令人耳目一新。
挑選食材時,若連同酸甜醬、果醬、水果與食材一併考慮,食譜的變化性將更為多元。

材料　1組量
角型吐司(南瓜吐司／10mm切片)⋯⋯3片
奶油(無鹽)⋯⋯12g
印度烤雞(切片)⋯⋯30g
生培根⋯⋯2片
芒果⋯⋯20g
咖哩美乃滋＊⋯⋯12g
生菜⋯⋯10g
印度酸甜醬⋯⋯5g

製作方法
1. 先稍微烤過角型吐司,其中一片雙面塗奶油,另外兩片單面塗奶油。
2. 培根切成兩半後,放入平底鍋乾煎,再以餐巾紙吸除多餘的油脂。
3. 在單面塗有奶油的一片吐司鋪上生菜、咖哩美乃滋、培根後,疊上兩面塗有奶油的吐司。接著在上面再鋪上生菜、印度烤雞、芒果片。
4. 在剩下的吐司表面塗上奶油,再塗上一層印度酸甜醬,然後壓在步驟3的吐司上。
5. 切掉吐司邊後,再分切成3等分。

＊**咖哩美乃滋**　將1/2小匙的咖哩粉均勻拌入50g的美乃滋。

Reuben Sandwich

魯賓三明治／America 🇺🇸

[飲食文化背景・起源]

　　美國最有名的熱三明治就屬在紐約Reuben's Restaurant誕生的魯賓三明治。在1930年到40年代之間，這處餐廳以當時的名人發想了各式各樣的三明治，而其中最有名的熱三明治「The Reuben Special」則使用了火雞肉、維吉尼亞火腿、瑞士起司、高麗菜沙拉還有俄式沙拉醬。後來又以煙燻牛肉與德國酸菜取代原有食材，創造全新食譜後，現在的食譜則換成在裸麥吐司挾入鹽醃牛肉（或煙燻牛肉）、瑞士起司與德國酸菜，而這樣的組合則以「魯賓三明治」聞名遐邇。

　　這款由猶太系熟食牛肉加工品、德國的德國酸菜、「瑞士」起司與「俄式」沙拉醬。各國食材共組的三明治，也恰恰證明了紐約是一處各樣人種與民族薈萃的大熔爐。

魯賓三明治

相較於英國的烤牛肉片三明治使用的是冷牛肉，魯賓三明治使用的是熱牛肉。肉汁豐富的鹽醃牛肉以及起司的醇厚，與裸麥吐司可說是絕配。

在甜味、醇味、酸味、辣味，各種味覺元素絕妙的搭配之下，這款美味的三明治就此誕生。

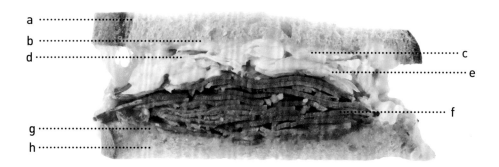

基本組合

麵包 ………	裸麥吐司
食材 ………	奶油、鹽醃牛肉、德國酸菜、瑞士起司、俄式沙拉醬
法則類型 ……	B-1

a. 裸麥吐司

b. 奶油

c. 瑞士起司

d. 俄式沙拉醬

e. 德國酸菜

f. 鹽醃牛肉

g. 奶油

h. 裸麥吐司

材料　1組量

裸麥吐司（12mm切片）……2片

奶油（無鹽）……4g

鹽醃牛肉……100g

德國酸菜（擠乾水分）……20g

俄式沙拉醬＊……10g

瑞士起司（切片）……1片

黑胡椒……適量

製作方法

1. 把裸麥吐司先稍微烤得表面乾燥，接著在單面
   塗上奶油。鹽醃牛肉先預熱備用。

2. 依序將鹽醃牛肉、德國酸菜、俄式沙拉醬、瑞
   士起司挾入裸麥吐司裡。

3. 將吐司放入預熱的烤箱裡，烤到內裡的起司融
   化為止。

4. 將三明治分成兩份，撒點粗研磨的黑胡椒，再
   視個人口味附上洋芋片或酸黃瓜（非準備食
   材）。

＊**俄式沙拉醬**　將30g番茄醬、30g美乃滋、20g優酪、
　10g酸奶油、3g辣根（磨成泥）調勻即可。

※在北美，瑞士起司就是與常見的艾蔓塔起司類似的起
　司，因此可用艾蔓塔起司代替。

POINT

● 麵包與肉類的極簡組合是三明治的骨架，較少的鹽
　醃牛肉可先預熱，份量也可多一點。使用煙燻牛肉
　代替也不錯。

● 麵包與肉類的極簡組合是三明治的骨架，較少的酸
　高麗的酸味與俄式沙拉醬格外的辣味、溫潤的酸味
　讓三明治的味道都融為一體。也可隨個人口味改用
　千島醬。

● 麵包與肉類的極簡組合是三明治的骨架，較少的融
　化的起司是熱三明治的美味之鑰，也是將吐司與其
　他大量食材結合起來的重要角色。

來自世界各地不同國家的食
材全被融合在一組三明治裡。

蘋果藍紋起司佐豆瓣菜的煙燻牛肉熱三明治

在基本組合裡加入藍紋起司醬與蘋果。
使用黑胡椒風味明顯的煙燻牛肉，將讓這款三明治更具成熟風味。

材料　1組量

雜糧角型吐司（小／12mm切片）……2片
奶油（無鹽）……4g
煙燻牛肉……50g
德國酸菜（擠乾水分）……10g
艾曼塔起司（切片）……1片
蘋果（2mm切片）……15g
豆瓣菜……4g
藍紋起司醬＊……20g
黑胡椒……適量

製作方法

1.先稍微烤過雜糧角型吐司，讓表面變得乾燥。煙燻牛肉先預熱備用。

2.在吐司的單面塗上奶油，再鋪上煙燻牛肉與德國酸菜。另一片吐司則鋪上艾曼塔起司與一片片蘋果。

3.將步驟2的吐司以食材朝上的方向送入預熱完成的烤箱裡，加熱至起司融化、整體食材全部變熱為止。

4.在德國酸菜上淋上藍紋起司醬後，鋪上豆瓣菜，再將兩片吐司組合起來，然後分切成兩份。

＊**藍紋起司醬**　以手持式攪拌棒將50g優酪、30g古岡佐拉起司（辛辣口味）、1小匙檸檬汁、1大匙初榨橄欖油拌勻，再以鹽與白胡椒調味。

帕尼諾三明治

將基本組合變化成壓式帕尼諾的樣子。
經過擠壓後，體積將變得小巧，也就方便入口囉。

材料　1組量
拖鞋麵包……1個
奶油（無鹽）……4g
煙燻牛肉……50g
千島醬＊……10g
德國酸菜（擠乾水分）……8g
艾曼塔起司（切片）……1片
黑胡椒……適量

製作方法
1. 先將拖鞋麵包切成上下兩半，並在剖面塗上奶油。
2. 依序將煙燻牛肉、德國酸菜、千島醬、艾曼塔起司挾入拖鞋麵包。
3. 將麵包放入預熱完成的帕尼諾機裡，烤到起司融化為止。

＊千島醬　將30g美乃滋、30g番茄醬、20g優酪、1大匙洋蔥（切末）、1大匙酸黃瓜（切末）拌勻後，以鹽與白胡椒調味。

Bagel
Sandwich

貝果三明治／America

[飲食文化背景‧起源]

　　貝果（Bagel）是於19世紀初葉，隨著從東歐移居至美國的猶太人傳入美國，後續再漸漸地於美國全土普及。由於塗有猶太系熟食奶油起司的貝果博得人氣，貝果也就此在眾人心目中成為「紐約熟食」的代表菜色之一。之所以得以進入民眾的生活，全拜專門製作貝果的機械誕生，進入大量生產的階段之賜。1980年代發展出各式各樣的貝果專賣店之後，北美一帶也開始風行，之後陸續加入藍莓、葡萄乾、肉桂與乾燥番茄等食材，讓貝果的味覺食譜更為廣泛，最後更以「紐約貝果」一名席捲全世界。直到如今，填抹各類調味奶油起司作為內餡的三明治已成為紐約客的日常食物之一。

basic sandwich

煙燻鮭魚貝果 Bagel and Lox

煙燻鮭魚（Lox）是一種鮭魚加工品，通常會使用煙燻鮭魚。
奶油起司與鮭魚是貝果三明治的基本組合。
「大量」挾入奶油起司是貝果三明治的絕對特色。

a ....
b ....
c ....
d ....
e ....

a. 貝果
b. 香草奶油起司
c. 煙燻鮭魚
d. 香草奶油起司
e. 貝果

基本組合

麵包 ....貝果
食材 ....奶油起司、煙燻鮭魚
法則類型 B-1

材料 1組量
貝果（原味／90g）……1個
煙燻鮭魚……30g
香草奶油起司（參照229頁）……50g
檸檬汁……1小匙

製作方法
1.先在煙燻鮭魚表面淋上檸檬汁備用。
2.從貝果側邊剖成兩半，在剖面塗上奶油起
　司，再挾入步驟1的煙燻鮭魚。

※材料只有原味的奶油起司與煙燻鮭魚就足夠好吃，而
　此時也可視個人口味點綴一些蒔蘿或山蘿蔔的香草增
　色添香。

POINT
● 抹上大量奶油起司才能營造份量感。若是先在果汁
　機裡打發奶油，將可創造輕盈的口感。

● 可利用低卡路里的起司或豆腐泥代替奶油起司，增
　添健康的風味。

● 紮實Q彈的口感是貝果最明顯的特徵，而與堅硬系
　麵包的不同之處在於那獨特的嚼感。

● 稍微烤過的貝果也能當成三明治的麵包使用。

抹上大量的奶油起司才
是道地的紐約客風。

核果蜂蜜漬&奶油起司

蜂蜜與奶油起司這種經典的組合，也能透過核果的芳香與黑胡椒的嗆辣營造印象深刻的美味。這種組合與全麥貝果或胚芽貝果非常對味喔。

材料　1組量
貝果（粗粒全麥／100g）……1個
黑胡椒奶油起司（參照229頁）…60g
核果蜂蜜漬＊……20g

製作方法
1.先將貝果切成上下兩半，並在下半片的剖面抹上2/3量的黑胡椒奶油起司，剩下的1/3抹在上半片的剖面。
2.在步驟1的貝果裡挾入核果蜂蜜漬。

＊**核果蜂蜜漬**　視個人口味將核桃、杏仁、腰果這類食材烤過一遍且剁成粗粒後，與等量的蜂蜜拌勻。

藍莓果醬&奶油起司

奶油起司與藍莓果醬非常對味。正因為是經典的組合，才需要如此堅持果醬的美味品質。

材料　1組量
貝果（綜合莓果口味／100g）…1個
藍莓奶油起司（參照229頁）……60g

製作方法
先將貝果切成上下兩片，再挾入藍莓奶油起司。

arrange

生火腿&番茄奶油起司貝果三明治

起司與番茄可說是絕妙拍擋。番茄風味的奶油起司能勾勒出生火腿的鹹香，創造饗宴般的滋味。芝麻菜的馨香更為這道三明治增添了清涼感。

材料　1組量
貝果（起司口味／100g）……1個
番茄奶油起司＊……60g
生火腿（切片）……1片
半乾燥番茄……5g
芝麻菜……3g

＊**番茄奶油起司**　將8g的乾燥番茄泥（可利用市售的番茄
　泥／切成末的半乾燥番茄代替）拌入100g的奶油起司。

製作方法
1. 先將貝果切成上下兩半，下半片抹上
　2/3量的番茄奶油起司，剩下的1/3量
　抹在上半片的剖面。
2. 將生火腿、切碎的半乾燥番茄與芝麻
　菜挾入步驟1的貝果裡。

Eggs
Benedict

班尼迪克蛋／America

[飲食文化背景‧起源]

　　將烤過的英式馬芬撕成兩半後，挾入培根或火腿，再鋪上水波蛋與淋上大量的荷蘭醬，就是這道充滿料理感性的三明治，也是常見於飯店的早餐菜色。相關的起源眾說紛云，一說是從在吐司表面塗上鹽鱈魚泥與鋪上水波蛋，再淋荷蘭醬的「oeufs benedictine法式蛋料理」發展而來，另一說則認為班尼迪克是某位顧客的名字，傳說紐約的某處飯店或餐廳為了這位名為班尼迪克的顧客特別製作了這道料理，而這道料理後續又慢慢地普及於全美。

basic sandwich

班尼迪克蛋

在烤得酥香的英式馬芬裡挾入酥脆培根、半熟水波蛋與濃稠綿滑的荷蘭醬。
酥香、酥脆、綿滑，這三種口感的對比營造出這道幸福絕倫的早餐佳餚。

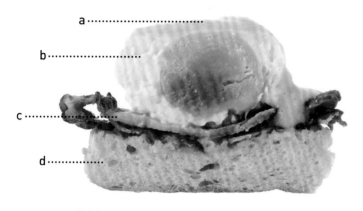

a. 荷蘭醬
b. 水波蛋
c. 培根
d. 英式馬芬

※照片裡的水波蛋已經凝固成容
易切開的固體狀，但蛋黃一開始
是沒有凝固的半熟狀態。

基本組合
麵包 …………英式馬芬
食材 …………培根（或火腿）、水波蛋、荷蘭醬
法則類型 ……B-1

材料　1組量
英式馬芬（60g）……1個
培根……2片
雞蛋……2顆
荷蘭醬＊……50g
鹽、黑胡椒……適量

製作方法
1. 先以叉子從英式馬芬側邊插進缺口，再從缺口撕成上下兩半。
2. 接下來製作的是水波蛋。先煮一鍋熱水，再倒入少量的醋（非準備食材）。雞蛋先打在小碗裡備用。以長筷攪拌熱水，在水中轉出漩渦後，立刻將雞蛋倒入鍋子的正中央，煮到蛋白凝固為止。一旦蛋白凝固，請立刻將雞蛋撈到冷水裡降溫。
3. 將切成兩半的培根放到平底鍋裡乾煎，並以餐巾紙吸除多餘油脂。英式馬芬可先烤過備用。
4. 將培根、以餐巾紙吸乾水分的水波蛋依序鋪在英式馬芬上。將英式馬芬移到盤子後，淋上荷蘭醬，並在水波蛋表面撒上些許鹽與粗研磨的黑胡椒。

POINT

● 趁熱將這些分別料理的食材組合起來是這道料理的關鍵。搭配的食材雖然單純，但卻充滿強烈的料理氣息。

● 由於是以撕成兩片的英式馬芬製作，所以一盤通常會有兩份，也的確很有份量。若是打算設計成女性專屬菜單，不妨將一片英式馬芬做成班尼迪克蛋料理，另一片英式馬芬則可附上奶油與蜂蜜或是直接鋪上生菜沙拉，都是不錯的選擇。

＊荷蘭醬　先將2顆蛋黃與1大匙水倒入碗裡，接著以隔水加熱的方式加熱，同時將蛋黃打至起泡。等到蛋黃被打到無法從打蛋器順利往下掉的濃稠度之後，將碗從熱水移開。接著繼續攪拌，並酌量倒入脫水奶油，直到食材充分拌勻且產生乳化效果。倒入1大匙的檸檬汁之後，以鹽與白胡椒調味，再以孔隙較密的濾網過濾一遍。剛做好的荷蘭醬可在碗口罩上一層保鮮膜，並以隔水加熱的方式保溫。

※這次的荷蘭醬是以方便製作的份量製作，大約可用於3組的班尼迪克蛋。

摩德代拉香腸佐溫美乃滋的班尼迪克蛋

以酸醋醬替奶油製作的溫美乃滋醬比荷蘭醬的味道來得輕盈。
做成大量蔬菜的生菜沙拉風味也不錯喔。

材料　1組量
英式馬芬（60g）……1個
摩德代拉香腸……2片
水波蛋……2顆
溫美乃滋醬＊……50g
鹽、黑胡椒……適量

製作方法
1. 先以叉子從英式馬芬側邊插進缺口，再從缺口
   將其撕成上下兩半。
2. 摩德代拉香腸先放入平底鍋乾煎，英式馬芬則
   先烤過一遍。
3. 將摩德代拉香腸、水波蛋依序鋪在英式馬芬表
   面後，移至盤中再淋上溫美乃滋醬。在水波蛋
   表面撒點鹽與粗研磨的黑胡椒即可。

＊**溫美乃滋醬**　先將2顆蛋黃與1大匙水倒入碗裡，接著以隔
　水加熱的方式加熱，同時將蛋黃打至起泡。等到蛋黃被打
　到無法從打蛋器順利往下掉的濃稠度之後，將碗從熱水移
　開。接著繼續攪拌，並酌量倒入酸醋醬，直到食材被充分
　拌勻且產生乳化效果。試過味道若覺得不足，可再以鹽與
　白胡椒調味。

arrange

黑胡椒辣烤火腿佐奶油白醬的班尼迪克蛋

以融有格律耶爾起司的奶油白醬代替荷蘭醬，為這道班尼迪克蛋創造圓潤的口感。黑胡椒的辛香將成為盤中的美味重點。

材料　1組量
英式馬芬（60g）……1個
黑胡椒香辣火腿……2片
水波蛋……2顆
奶油白醬醬汁＊……50g
鹽、黑胡椒……適量

＊奶油白醬醬汁　將120g的奶油白醬與1大匙的鮮奶油倒入
　鍋中加熱，再倒入30g的格律耶爾起司絲，讓起司絲融入
　醬汁裡。

※起司的種類可視個人口味挑選。

製作方法
1. 先以叉子從英式馬芬側邊插進缺口，再從缺口
　將其撕成上下兩半。
2. 黑胡椒香辣火腿先放入平底鍋乾煎，英式馬芬
　則先烤過一遍。
3. 將黑胡椒香辣火腿、水波蛋依序鋪在英式馬芬
　上，移至盤中後，淋上大量的奶油白醬醬汁。
　最後在水波蛋表面撒點鹽與粗研磨的黑胡椒。

Burrito

墨西哥捲餅／America

[飲食文化背景·起源]

墨西哥捲餅是一種在麵粉製成的墨西哥餅裡頭捲入大量食材的輕食，也算是三明治的一種，美國各處都能看到專賣店，是一種十分普及的三明治。墨西哥餅原本是指以玉米粉製成的扁麵皮，若是在這種扁麵皮裡挾入肉、蔬菜與起司就稱為「Tacos」（墨西哥捲餅）。在炸成U字型的墨西哥脆脆捲裡包入辣絞肉與生菜的食物也稱為墨西哥捲餅，但這道捲餅已被墨西哥隔壁的德州調整為Tex-Mex料理（美式墨西哥料理）。而墨西哥捲餅也被歸類為這種料理之一，最主要的特徵在於墨西哥風味與食材的使用方法。三明治捲（Wrap）是近年來在美國最受歡迎的型態，食材的搭配也非常自由。日本雖然也對這種型態的三明治非常熟悉，但這次本書要介紹的是這種型態的雛型。

basic sandwich

烤雞肉墨西哥捲餅

在大片墨西哥餅裡包入大量食材。

由大量蔬菜營造的健康感也是魅力之一。食材包括肉、米飯、蔬菜、豆子與起司…等。

一口咬下，就能嚐到由各種味覺共譜的交響曲。

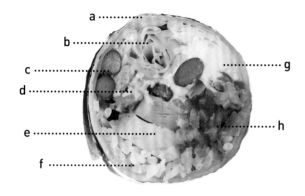

a. 墨西哥餅皮
b. 生菜
c. 黑豆
d. 起司絲
e. 烤雞肉
f. 香菜檸檬飯
g. 酸奶油
h. 墨西哥醬

基本組合

麵包 …………	墨西哥餅皮
食材 …………	肉類（雞、豬、牛）、生菜、番茄、莎莎醬、起司絲、酸奶油、豆子、米飯、墨西哥綠辣椒醬
法則類型 ………	B-1

材料 1組量

墨西哥餅皮（11英吋）……1張
香菜檸檬飯＊……20g
雞腿肉……1/3塊
萊姆汁……1小匙
生菜（切成粗絲）……20g
黑豆煮＊＊……15g
墨西哥醬＊＊＊……30g
起司絲……10g
酸奶油……10g
鹽、白胡椒、辣椒粉……適量
墨西哥綠辣椒醬……視個人口味調整

製作方法

1. 將鹽、白胡椒、辣椒粉均勻抹在雞腿肉表面後，靜置一會兒，再放在烤架上烤熟。切成切片後，淋上萊姆汁。

2. 將墨西哥餅皮放入平底鍋裡兩面乾煎加熱後，鋪在鋁箔紙上，再依序將香菜檸檬飯、步驟1的食材、墨西哥醬、黑豆煮、起司絲、酸奶油、生菜鋪在墨西哥餅皮上面，接著紮實地捲成一捲，再以鋁箔紙包覆。吃的時候，可視個人口味淋上墨西哥綠辣椒醬。

＊**香菜檸檬飯** 先將香米（長米）煮熟。將香菜、萊姆汁、少許大蒜與鹽放入果汁機打成糊狀後，與香米拌勻即可。

※cilantro是西班牙語的香菜，在墨西哥移民較多的美國裡，新鮮香菜通常被稱為cilantro。

＊＊**黑豆煮** 將1/2顆量的洋蔥切成末，再以少量的油炒過一遍。待洋蔥變得透明，再倒入一整罐的水煮黑豆罐頭，再撒1小匙孜然粉、鹽與白胡椒，燉煮15分鐘即可。

＊＊＊**墨西哥醬** 將1顆番茄、1/2小顆洋蔥、彩椒（紅・黃各1/4顆）、1顆墨西哥綠辣椒（醋漬）、1/2把的香菜葉切成末，並以鹽調味。

POINT

● 若道地的墨西哥捲餅屬於細捲，美式的墨西哥捲餅就屬於粗捲。最大的特徵是一次包入大量食材的滿足感。

● 這次使用的辣椒粉是美式墨西哥料理裡的綜合辣椒粉。這種綜合辣椒粉主要是由新鮮香菜、醋漬綠辣椒與墨西哥綠辣椒醬組成，擁有十分特殊的滋味。

● 主要的食材可替換成豬肉或牛肉。

素食墨西哥捲餅

拌入以酪梨為主食材的墨西哥酪梨沙拉醬,就成了這道充滿沙拉感的墨西哥捲餅。
辣椒粉與香菜的香氣也能在各類蔬菜的搭配下脫穎而出,營造更為深層的滋味。

材料　1組量

墨西哥餅皮(11英吋)……1張
香菜檸檬飯(參照93頁)
墨西哥酪梨沙拉醬＊……30g
生菜(切成粗絲)……20g
黑豆煮(參照93頁)……30g
墨西哥醬(參照93頁)……30g
玉米粒(水煮)……10g
起司絲……10g
酸奶油……10g
墨西哥綠辣椒醬:視個人口味酌量增減

製作方法

1. 將墨西哥餅皮放入平底鍋,兩面稍微乾煎加熱。
2. 依序將香菜檸檬飯、墨西哥酪梨沙拉醬、生菜、墨西哥醬、黑豆煮、玉米粒、起司絲、酸奶油鋪在墨西哥餅上,紮實地捲成一捲後,再包上一層鋁箔紙。吃的時候,可視個人口味淋上墨西哥綠辣椒醬。

＊**墨西哥酪梨沙拉醬**　將1/2小顆洋蔥切成末後,與1/2顆量的萊姆汁、1/3小匙的鹽拌勻。將1顆量的酪梨切碎後倒入碗中,再倒入剛剛的洋蔥,拌勻後,以叉子的背面一邊將食材壓扁,一邊拌勻食材。最後以鹽與白胡椒調味。

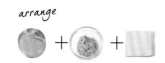

火腿起司佐墨西哥酪梨沙拉醬的墨西哥捲餅

這款墨西哥捲餅的製作方法很簡單，只需要將墨西哥酪梨沙拉醬、莎莎醬、大量生菜與火腿還有起司拌在一起而已。

如此簡單的組合就能搭配出墨西哥風味。

材料　1組量

墨西哥餅皮（11英吋）……1張

里肌火腿……2片

切達起司（切片）……2片

墨西哥酪梨沙拉醬（參照94頁）……30g

生菜（切成粗絲）……30g

墨西哥醬（參照93頁）……20g

製作方法

1.將墨西哥餅皮放入平底鍋，兩面稍微乾煎加熱。

2.將里肌火腿、切達起司、墨西哥酪梨沙拉醬、生菜、墨西哥醬依序鋪在步驟1的墨西哥餅上，紮實地捲成一捲後，再包上一層鋁箔紙即可。

Peanut Butter and Jelly

花生醬&果醬三明治／America

[飲食文化背景‧起源]

　　這款花生醬&果醬的三明治說是美國兒童的便當也完全不過份，而且也是家庭最常做的三明治，美國人通常將其稱為「PB&J」。

　　花生醬在美國通常被當成三明治的內餡使用，而花生醬配培根或花生醬配生菜的組合也很受歡迎。據說貓王非常喜歡香蕉搭配培根的組合，所以這種組合的三明治也因此被命名為「貓王三明治（ELVIS）」，也成為三明治專賣店或晚餐的經典菜色之一。

基本組合

麵包 ………… 吐司
食材 ………… 花生醬、無果肉果醬（或有果肉的果醬）
法則類型 ……… C

材料　1組量
山型吐司（小／ 12mm切片）……2片
花生醬……適量
葡萄果醬……適量

製作方法
在其中一片的山型吐司塗上花生醬，另一片塗上葡萄果醬後，將兩半疊在一起。

POINT
● 可視個人喜好選擇花生醬口感鮮明的顆粒版本（chunky）或口感綿滑的版本（smooth）。
● 所謂的無果肉果醬（Jelly）是指僅利用果汁製作的果醬。雖然這款三明治通常會使用無果肉的葡萄果醬製作，但這款果醬在日本不容易購得，所以本書改以有果肉的葡萄果醬製作。

Monte Cristo
蒙特克里斯托三明治／America 🇺🇸

[飲食文化背景・起源]

　　這款經典的蒙特克里斯托三明治可說是美國版的火腿起司三明治。主要的做法是先將火腿、起司與火雞肉（或雞肉）挾入白吐司，再將吐司泡在雞蛋與牛奶製成的蛋奶液中，之後放入烤箱烘焙或是沾裹麵衣再油炸。最後可撒上糖粉裝飾，並在一旁附上草莓果醬、黑醋栗果醬、綜合莓果果醬其中一種。鹹甜滋味的搭配顯得十分新鮮，非常適合當成早餐享用。

基本組合

麵包 …………吐司	
食材 …………火腿、火雞肉（或雞肉）、起司片、果醬（或無果肉果醬）	
法則類型 ………B-2	

材料　1組量

楠泰爾布里歐修（15mm切片）… 2片
奶油（鹽）……6g
里肌火腿……1片
煙燻雞肉（切片）……20g
麻里伯起司（切片）……1片

蛋奶液
　┌ 雞蛋……1顆
　│ 牛奶……1大匙
　│ 鹽……1小撮
　└ 細砂糖……適量
奶油（無鹽）……適量
糖粉、草莓果醬……各適量

製作方法

1. 先在楠泰爾布里歐修的單面塗上奶油，再挾入里肌火腿、煙燻雞肉與麻里伯起司。
2. 將蛋奶液的材料調勻後，讓步驟1的楠泰爾布里歐修過一下蛋奶液，接著取一只平底鍋加熱融化奶油，再將剛剛沾過蛋奶液的楠泰爾布里歐修放入鍋中，煎至金黃酥香為止。
3. 將步驟2的楠泰爾布里歐修切成兩半後盛盤。撒點糖粉，附上草莓果醬即可。

POINT

● 一般使用的是原味的角型吐司製作，但若改用布里歐修，將可創造更為豐富的美味。

KALTES ESSEN

德式冷食／Germany

[飲食文化背景 · 起源]

　　德國自古以來就十分風行耐寒的裸麥，因此北部也以製作裸麥麵包為主。為了渡過寒冷的冬天，德國人進而發明了許多保存食物，例如火腿與香腸這類的加工肉品，而且每個地區都發展出各式各樣具有特色的產品，其中最能代表德國的食品莫過於香腸。各種麵包、加工肉品以及起司、奶油這類酪農業製品的組合，成為德國最常見的日常三餐風景。德國家庭很少使用「火」來料理食材，通常餐桌上都是從冰箱拿出來的火腿、起司或酸黃瓜這類的傳統保存食物以及切成片的麵包。德語的「Kalt」意指冰冷，而「Essen」則為食物，組合起來的Kalt Essen，就是代表德國日常三餐的意思。原本這個詞所指的不是三明治，但本書將其視為德國的傳統的自製三明治。

德式冷食

德國的裸麥麵包可從100%裸麥的深黑色麵包分類至小麥成分較高的德國小麥麵包，種類可說是十分豐富。

近年來德國人較常吃以小麥比例較高的麵包，所以大家在製作這道料理時，不需要特別強調使用裸麥麵包，可視個人口味自行挑選。準備好火腿、起司以及愛吃的食材之後，剩下的就只剩以手捲壽司的方式組合這些食材了。

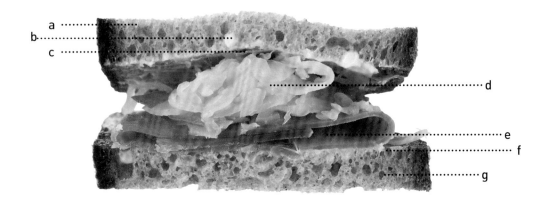

基本組合

麵包 …………	德國麵包
食材 …………	奶油、火腿、香腸、起司、 德國酸菜、酸黃瓜之類的食材
法則類型 ………	B-1

a. 裸麥麵包
b. 奶油
c. 芝麻菜
d. 德國酸菜
e. 生火腿
f. 奶油
g. 裸麥麵包

※這只是其中一種組合，各位讀者可隨個人口味自行更
　換食材。

材料 1組量
火腿、香腸、起司、酸黃瓜、德國酸菜、奶油、德國
麵包,以上食材皆適量。

製作方法
將食材排在桌面,並且隨意地組合即可。

POINT
- 大量塗抹奶油、奶油起司這類乳品或肉醬、肉泥這類食材,就能與德國麵包特有的酸味取得完美而柔和的平衡。

- 德國麵包的切片厚度也是關鍵之一。可視裸麥比例以及各種麵包的個性,切成5mm～10mm的厚度。

德國的市場銷售著各式各樣塗在麵包上的食材 ,例如肉醬與肉泥,以及奶油起司或沾醬。因此吃的時候,大可不必在麵包鋪上火腿或起司,而只「塗」一種塗在麵包上的食材 。

德國豬肝醬佐奶油起司的三明治

德國的豬肝醬稱為「Liverwurst」，是一種滲入德國人民生活的食材。其獨特的濃醇與美味，與裸麥麵包的酸味搭配得天衣無縫。與奶油起司混拌後再塗上麵包，接著再加上培根之後，就連不敢一嚐豬肝美味的人也能大快朵頤一場。

材料　1組量
德國農夫麵包（10mm切片）……2片
奶油（無鹽）……8g
德國豬肝醬……15g
奶油起司……5g
培根……1/2片
油漬洋蔥＊……8g
芝麻菜……2g
黑胡椒……適量

製作方法
1.預先將德國豬肝醬與奶油起司拌在一起。
2.將培根切成短薄片，再放入平底鍋中乾煎，再以餐巾紙吸除鍋裡多餘油脂。
3.在兩片德國農夫麵包的單面塗上奶油，並在其中一片的奶油上面塗步驟1的食材。
4.在塗有步驟1食材的麵包表面依序鋪上步驟2的培根、油漬洋蔥、芝麻菜，再撒點粗研磨的黑胡椒，然後壓上另一片麵包。

＊油漬洋蔥　將切成薄片的洋蔥放入油醋醬（參照61頁）裡醃漬。

德國生香腸佐墨西哥酪梨沙拉醬的德國巴伐利亞裸麥三明治

德國通常將肉泥型態的生香腸稱為「Mettwurst」，而這種生香腸與100%裸麥的德國黑麥麵包、以及德國巴伐利亞裸麥麵包這類裸麥麵包非常對味。雖然不容易買得到，但若有機會，請各位讀者務必一嚐。

材料　1組量
德國巴伐利亞裸麥麵包（5mm切片）…2片
奶油（無鹽）……6g
德國生香腸……30g
墨西哥酪梨沙拉醬（參照94頁）……20g

製作方法
1. 在兩片德國巴伐利亞裸麥麵包的單面塗上奶油。
2. 其中一片塗上生香腸的肉醬，另一片則塗上墨西哥酪梨沙拉醬。

※若手邊沒有生香腸肉醬，可將切成粗末的生火腿與少量的洋蔥末、初榨橄欖油拌勻後代替。

WURSTBRÖTCHEN

德國油煎香腸麵包／Germany

[飲食文化背景·起源]

德語的火腿稱為「Shinken」，香腸則稱為「Wurst」，都是餐桌上不可缺少的加工肉品。尤其香腸（Wurst）更有著不同的形狀與大小，有的是煮過再吃，有的則是油煎之後吃，有的甚至是直接生吃，連吃法與味道也都有很大的差異。

熱香腸是街頭小吃（Imbiss）的經典菜色，而且在街頭小吃裡，也能見到各種不同的香腸。

油煎香腸（Bratwurst）是德國最受歡迎的輕食之一，通常會挾在德國小圓麵包一起吃。乍見之下，有點像是熱狗，但麵包與熱狗的比例與我們印象中的熱狗又差很多，完全就是小麵包挾著特長香腸的感覺。沒錯，這不是熱狗，而是為了把香腸拿在手上吃，才特別拿麵包來代替盤子或叉子的食物。

basic sandwich

德國油煎香腸麵包 Bratwurstbrötchen

在德國街道小吃常見的「油煎香腸」可說是香腸與德國麵包的象徵組合。
相較於德式冷食這種冷三明治而言，這款三明治算是熱三明治。

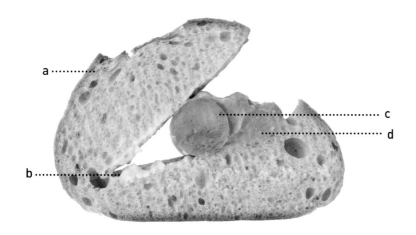

a. 小圓麵包
b. 奶油
c. 香草香腸
d. 黃芥末醬

基本組合

麵包 ⋯⋯⋯⋯	德國小圓麵包
食材 ⋯⋯⋯⋯	油煎香腸、黃芥末醬
法則類型 ⋯⋯⋯	B-1

材料 1組量
小圓麵包（50g）⋯⋯1個
奶油（無鹽）⋯⋯4g
香草香腸（40g）⋯⋯1根
黃芥末醬⋯⋯適量

POINT
● 將優質香腸煎得油香之後，將現煎的香腸挾在麵包裡。

● 可視個人口味再以黃芥末醬或番茄醬調味。

● 總之主角是香腸，所以香腸超出麵包外也沒關係。

製作方法
1. 將香腸煎至表面略硬的微微焦色為止。
2. 從旁邊略高於中央的位置斜切小圓麵包，並在剖面塗上奶油。
3. 將香腸挾入小圓麵包，再淋上些許黃芥末醬。

※ 街頭小吃的版本是不塗奶油的，所以可視個人口味決定是否塗奶油。

德國的香腸真的很多種，舉凡維也納香腸、法蘭克福香腸、放入模型烘烤的起司香腸以及像火腿一樣切成薄片的香腸，都是德國常見的香腸之一。

arrange

咖哩香腸麵包

德國街頭小吃的超人氣菜色之一「咖哩香腸麵包」（Currywurst）的做法很簡單，只需在切成圓片的香腸上淋番茄醬與咖哩粉而已，然後直接把這種組合做成三明治。若是加入些許炒出甜味的洋蔥將會更加美味。

材料　1組量
小圓麵包（50g）……1個
奶油（無鹽）……4g
粗絞豬肉香腸（30g）……1根
洋蔥（切片）……10g
番茄醬……10g
咖哩粉……適量
沙拉油、鹽、白胡椒……適量

製作方法
1.從正上方將小圓麵包切開，並在剖面塗上奶油。
2.以平底鍋加熱少量沙拉油，再倒入洋蔥拌炒。以鹽與白胡椒調味後，再拌入番茄醬。
3.將粗絞豬肉香腸放入攝氏80度左右的熱水裡，稍微汆燙加熱一下。
4.將步驟3的香腸挾入步驟1的麵包裡，鋪上步驟2的洋蔥後，再撒上咖哩粉。

德國酸菜佐甜味黃芥末醬的熱狗麵包

味道溫潤的粗絞豬肉香腸與德國酸菜以及德國甜味黃芥末醬搭配之後，給人的印象就完全不同。酸菜經過稍微炒過後，酸味會較緩和，也較容易入口。

arrange

材料　1組量
細繩麵包（100g）……1/2根
奶油（無鹽）……4g
粗絞豬肉香腸（30g）……1根
德國酸菜……15g
甜味黃芥末醬……8g
鹽、白胡椒、黑胡椒……適量

製作方法
1.從上方將細繩麵包切出一道刀口，並在剖面塗上奶油。
2.將粗絞豬肉香腸放入攝氏80度左右的熱水裡，稍微汆燙加熱一下。
3.將酸菜多餘的水分擠乾後，放入平底鍋拌炒，再以鹽與白胡椒調味。
4.將步驟2的食材挾入步驟1的麵包，淋上甜味黃芥末醬。接著鋪上步驟3的酸菜，撒點粗研磨的黑胡椒。

※手邊若沒有甜味黃芥末醬，可在一般的黃芥末醬裡拌入蜂蜜調成甜味代替。

arrange

肝臟香腸肉三明治

放入模型烘烤的肝臟香腸肉（Leberkäse）若是厚切成牛排的樣子，可是非常好吃的喔。將肝臟香腸肉挾入凱撒賽麥爾麵包，就變成所謂的肝臟香腸肉三明治，是一種簡單方便的輕食，也非常受到歡迎。

材料　1組量
凱撒賽麥爾麵包（50g）……1個
奶油（無鹽）……4g
肝臟香腸肉……1片（75g）
黃芥末醬……5g
鹽、白胡椒……適量

製作方法
1.將凱撒賽麥爾麵包剖成上下兩半，並在剖面塗上奶油。
2.將肝臟香腸肉放入平底油乾煎，再以鹽與白胡椒稍微調味。
3.在肝臟香腸肉上面淋上黃芥末醬，再挾入凱撒賽麥爾麵包裡。

啤酒火腿香腸的沙拉風凱撒賽麥爾三明治

arrange

風味溫潤的啤酒火腿香腸直接切片就很美味。為了要突顯其簡單的滋味，就與生菜、番茄搭配成沙拉風味吧。

材料　1組量
凱撒賽麥爾麵包（50g）……1個
奶油（無鹽）……4g
啤酒火腿香腸（切片）……2片
黃芥末醬……3g
美乃滋……5g
萵苣……4g
番茄（7mm切片）……1片

製作方法
1.從凱撒賽麥爾麵包的側邊入刀切成上下兩半，並在剖面塗上奶油，接著繼續在上層麵包的剖面塗上黃芥末醬。
2.將萵苣、番茄、美乃滋、對摺的兩片啤酒火腿香腸依序挾入麵包裡。

帕尼諾／Italia

panino

帕尼諾（panino）就是義大利語的三明治。帕尼諾原本的意思是「小麵包」，指的是以一個人吃的小麵包製作的食物，在台灣較常見的名稱是帕尼尼（panini），但其實差別只在帕尼諾（panino）是單數型，帕尼尼（panini）是複數型而已。義大利的午餐也常出現三明治這項食物。隨著現代化的演進，原本白天回家後慢慢地吃飯的生活習慣漸漸改變，直到1970年代之後，都會職場的人們習慣站在吧台旁邊吃帕尼諾，而這樣的午餐形態也完全進入人們的生活之中。帕尼諾可使用佛卡夏或拖鞋麵包這類義大利麵包製作，食材則可使用莎樂美腸這類加工肉品或起司這類傳統食材自由組合，而且製作時，也常用到橄欖油。將食材挾入白麵包的熱三明治被稱為帕尼尼，在台灣可說是非常普及，但這種款式的三明治在巴黎或是紐約可是比在義大利還要常見的喔。

生火腿芝麻帕尼諾

義大利麵包加傳統食材製作的帕尼諾，是非常重視食材挑選的。
生火腿與帕瑪森起司那種馥郁的成熟風味搭配芝麻菜的清涼感，外加濃縮的番茄甜味與新鮮的初
榨橄欖油的馨香，看似簡單，卻是讓每種食材能各自發揮特色的究極組合。

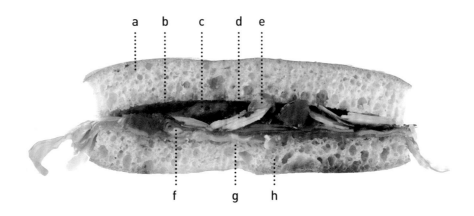

基本組合

麵包 …………	佛卡夏（或拖鞋麵包）
食材 …………	生火腿、帕瑪森起司、初榨橄欖油
法則類型 ………	B-1

a. 佛卡夏
b. 初榨橄欖油
c. 半乾燥番茄
d. 帕瑪森起司
e. 芝麻菜
f. 生火腿
g. 初榨橄欖油
h. 佛卡夏

材料　1組量

佛卡夏（10×10cm）……1個

初榨橄欖油……10g

生火腿（切片）……2片

芝麻菜……5g

半乾燥番茄……7g

帕瑪森起司……3g

製作方法

1.先將佛卡夏剖成上下兩半，並在剖面淋上初榨
　橄欖油。

2.挾入生火腿後，淋上少量初榨橄欖油，再將芝
　麻菜與切碎的半乾燥番茄鋪上去，最後撒上些
　許以削皮器削成薄片的帕瑪森起司作為提味。

※若將淋在生火腿的橄欖油換成松露，將可嚐到更為獨特
　的香氣，也能營造出異常奢華的滋味。

POINT

●拖鞋麵包與佛卡夏都是口感紮實的麵包，很適合當
　成三明治的麵包使用。

●由拖鞋麵包製作的三明治不只在義大利搏得人氣，
　就連在法國或歐美一帶也受到歡迎。拖鞋麵包比堅
　實系的棍子麵包更容易入口，所以常被各國民眾當
　成三明治專用的小型麵包。

●義大利傳統食材的生火腿、莎樂美腸、起司與芝麻
　菜，都屬於能赤裸裸呈現原有風味的食材，所以必
　須格外重視食材的挑選。

用來誘發食材風味的橄欖油
最好選擇香氣馥郁的種類。

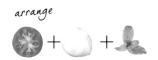

義大利國旗沙拉風的帕尼諾

番茄、羅勒、莫札瑞拉起司的組合雖然單純，卻是吃不膩的美味。

為番茄與莫札瑞拉起司預先調味是這道三明治的祕訣。也可視個人口味另加生火腿或鯷魚這兩項食材。

材料　1組量

拖鞋麵包（80g）……1個

初榨橄欖油……10g

番茄（切片）……25g

莫札瑞拉起司……25g

羅勒葉……3~5瓣

青醬……3g

鹽、白胡椒……適量

製作方法

1. 先從拖鞋麵包側邊劃出一道刀口，再於剖面淋上初榨橄欖油，接著在上側的剖面塗青醬。

2. 在番茄與莫札瑞拉起司的表面撒上鹽與白胡椒，再淋上初榨橄欖油（非準備食材）預先調味。

3. 在步驟1的拖鞋麵包裡交互鋪上番茄、莫札瑞拉起司與羅勒葉，再撒上些許鹽。

四種起司與莎樂美腸的帕尼諾

這是在披薩店經典的四種起司組合裡加上莎樂美腸的三明治。一摻入蜂蜜的甜味，食材的美味就被原原本本地勾勒出來。起司的種類也可視個人口味更換。

材料　1組量
拖鞋麵包（80g）……1個
米蘭型莎樂美腸（切片）……2片
古岡佐拉起司、塔雷吉歐起司、帕瑪森起司、莫札瑞拉起司（切細後拌在一起）……50g
蜂蜜……1~2小匙

製作方法
1. 先從拖鞋麵包的側邊劃出一道刀口，再挾入莎樂美腸，然後鋪滿起司。
2. 在起司淋上蜂蜜，然後送進帕尼諾機壓烤。

摩德代拉香腸帕尼諾

arrange

義大利香腸的代表之一「摩德代拉香腸」是一款能嚐得到豬肉自然甜味，滋味十分溫潤的香腸。讓我們從素材的個性品嚐純樸的美味吧。

材料　1組量
佛卡夏（60g）……1個　　芝麻菜……3g
初榨橄欖油……7g　　　油漬朝鮮薊……5g
摩德代拉香腸……2片

製作方法
1. 先從佛卡夏的側面剖成兩半，接著在剖面淋上初榨橄欖油。
2. 依序將摩德代拉香腸、芝麻菜、油漬朝鮮薊挾入佛卡夏裡。

Column

義大利的吐司三明治 tramezzino

義大利也有以吐司製作的三明治。據說義大利的第一個三明治是在1925年義大利杜林的「Caffe'Mulassano」咖啡館誕生，如今已成為義大利酒吧的固定菜色。這種三明治的食材組合有許多部分與常見的三明治非常類似，例如雞蛋搭配鮪魚或是沙拉搭配火腿。以薄片吐司製作的三明治在義大利被稱為「tramezzino」，若是以小型麵包製作的三明治則另外稱為 panino。tramezzino 原本的意思是「三角形」，但演變至今，切成正方形的三明治也被冠上這個稱呼。

丹麥三明治／Nordic Countries

Smørrebrød

　　丹麥三明治（Smorrebrod）若還原為丹麥語，其中的smor=奶油而brod=麵包，兩者合在一起就是「在麵包塗上奶油，然後在鋪上食材的食物」，而這也屬於北歐民眾生活常見的傳統開放式三明治。在裸麥麵包與當地食材的絕妙搭配之下，讓每位丹麥民眾都吃得津津有味。其中搭配滿滿海鮮的做法更是北歐才有的特色。

　　這款三明治除了能在飯店或咖啡廳吃到，舉凡學校與職場的餐廳或家裡的餐桌與便當，都是午餐的經典菜色。基本上以三種食材製成，依序分別為魚類料理、肉類料理與起司，可利用餐刀搭配叉子一舉開動。

煙燻鮭魚丹麥三明治

在切成極薄的吐司鋪上大量食材的美食三明治。

食材比例遠超過麵包的份量感是最明顯的特徵。

能清楚嚐到煙燻鮭魚與裸麥吐司是多麼契合。食材的搭配雖然簡單，但印象卻是令人深刻喔！

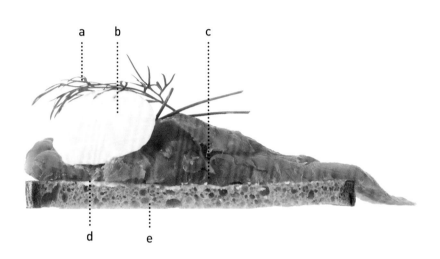

基本組合

麵包 …………裸麥吐司

食材 …………奶油、煙燻鮭魚、蒔蘿、酸奶油

法則類型 ……B-1

a. 蒔蘿

b. 酸奶油

c. 煙燻鮭魚

d. 奶油

e. 裸麥吐司

材料 1組量

裸麥吐司（5mm切片）⋯⋯1片

奶油（無鹽）⋯⋯5g

煙燻鮭魚⋯⋯40g

酸奶油⋯⋯8g

蒔蘿⋯⋯適量

蝦夷蔥⋯⋯適量

檸檬（切成梳子狀）⋯⋯1/12顆

鹽、白胡椒⋯⋯適量

製作方法

1.先在裸麥吐司表面塗上奶油，再均勻鋪上油漬
鮭魚。

2.鋪上酸奶油，整體稍微撒點鹽與白胡椒，再添
上蒔蘿、蝦夷蔥與檸檬即可。

POINT

●切成薄片的裸麥吐司能替食材增添恰到好處的酸味與
豐富香氣，而大量塗上的奶油則可讓食材與麵包圓融
地合成一體。簡單說，為了讓食材更美味，才將麵包
當成盤子使用。

●大量鋪上將北歐才有的海鮮與酪農產品，直到看不見
底層的麵包為止吧。

與魚類特別合拍的香草之一就是蒔蘿
（左）與淺蔥的兄弟－蝦夷蔥（右）。
市場通常是捆成一束在賣，算是一種
平日常用的食材。

甜蝦水煮蛋丹麥三明治

甜蝦丹麥三明治一定會出現鮭魚或醋漬青花魚。

在北歐一帶，都是在盤子裡擺出一堆比日本蝦子小尾很多的蝦子，而且要擺到快滿出來為止。

蝦子、水煮蛋與美乃滋這經典組合與酸奶油的酸味加上香草香氣，共同為這道三明治營造出爽朗的印象。

材料　1組量
裸麥吐司（5mm切片）⋯⋯1片
奶油（無鹽）⋯⋯4g
萵苣⋯⋯2g
甜蝦（汆燙後剝殼）⋯⋯40g
酸味美乃滋奶油＊⋯⋯4g
水煮蛋⋯⋯1/2顆
蒔蘿⋯⋯適量
蝦夷蔥⋯⋯適量
檸檬汁⋯⋯適量
鹽、白胡椒⋯⋯適量

製作方法
1. 在裸麥吐司塗上奶油後，拿捏適當比例地將萵苣、水煮蛋切片與甜蝦鋪上去。接著在甜蝦表面淋上些許檸檬汁。
2. 擠上些許酸味美乃滋奶油後，撒上些許鹽與白胡椒，然後點綴一些蒔蘿與蝦夷蔥就完成了。

＊**酸味美乃滋奶油**　將酸奶油與美乃滋以1：1的比例拌勻即可。

arrange

arrange

烤牛肉丹麥三明治

可在第二盤端上桌的肉類料理，就非烤牛肉莫屬了。裸麥吐司那恰如其份的酸味搭配牛肉原有的鮮甜，就成了這道滋味交錯的丹麥三明治。

豆瓣菜與辣根奶油醬也是這道三明治的重點風味。

材料　1組量
裸麥吐司（5mm切片）……1片
奶油（無鹽）……4g
豆瓣菜……2g
烤牛肉……40g
肉汁醬……1小匙
辣根奶油醬（參照31頁）……5g
小番茄（剖半或切成1/4顆）……1顆
炸洋蔥……2g
鹽、白胡椒……適量

製作方法
1.在裸麥吐司表面塗上奶油，再均勻地鋪上烤牛肉，接著淋上肉汁醬，再鋪上辣根奶油醬。
2.在整體食材上再撒些許鹽與白胡椒，然後鋪上小番茄、豆瓣菜與炸洋蔥。

麻里伯起司丹麥三明治

第三盤三明治不妨上點起司。丹麥人熟悉的麻里伯起司擁有溫潤柔和的滋味。

利用橘子醬增添甜味與酸味後，吃起來就像是一道甜點。

材料　1組量
裸麥吐司（5mm切片）……1片
奶油（無鹽）……4g
橘子醬……8g
麻里伯起司（切片）……1片
橘子（切成一房一房的果肉）……3房
薄荷……適量
橘子皮（摘掉白色纖，再切成細絲）……適量

製作方法
1.在裸麥吐司塗上奶油，再塗上半量的橘子醬。
2.將切成適當大小的麻里伯起司、橘子果肉、剩下的橘子醬均勻鋪在吐司上面，再撒上薄荷與橘子皮即可。

فلافل 中東蔬菜球／Middle East

　　中東蔬菜球（英語為falafel，阿拉伯語為فلافل），
是一種將鷹嘴豆或蠶豆與香菜、巴西里、洋蔥一起打
成泥狀，再捏成小丸子入鍋油炸的蔬菜球。

　　從埃及到伊朗這塊中東之地，中東蔬菜球都是為人
熟知的食物，也是三明治不可或缺的食材之一。在口
袋麵包或中東大麵這類扁平狀的麵包裡挾入生菜、番
茄、醋漬小黃瓜、中東風味芝麻醬製成的三明治，在
中東各國都被當成一種簡單的輕食銷售。這種滲入平
民生活的三明治在歐美各國普及後，就成了一種專有
名詞的三明治。在巴黎與紐約各處可見到其專賣店，
也十分受到民眾的歡迎。

中東蔬菜球

洋溢著孜然香氣的中東蔬菜球、醋漬蔬菜與優酪的酸味、鷹嘴豆與中東芝麻醬的醇厚與自然甜味。
異國風情的味道將蔬菜的美味全然引出，營造出令人印象深刻的滋味。

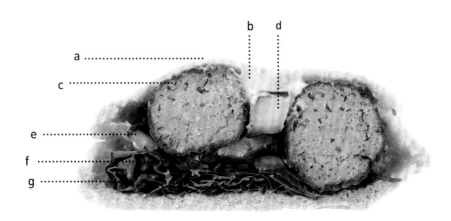

基本組合

麵包 ⋯⋯⋯⋯⋯口袋麵包
食材 ⋯⋯⋯⋯⋯中東蔬菜球、生菜沙拉、中東芝麻醬
法則類型 ⋯⋯⋯⋯B-1

a.口袋麵包
b.中東芝麻醬
c.中東蔬菜球
d.茄子
e.醋漬小黃瓜
f.醋漬紫高麗菜
g.萵苣、紅葉萵苣

材料　1組量
口袋麵包……1/2個
萵苣、紅葉萵苣……10g
中東蔬菜球＊……3顆
茄子（切片後油炸）……15g
醋漬小黃瓜＊＊……15g
醋漬紫高麗菜……12g
高麗菜（切絲）……10g
優酪中東芝麻醬＊＊＊……30g

製作方法
將口袋麵包張成口袋狀後，依序放入萵苣、紅葉
萵苣、醋漬紫高麗菜、醋漬小黃瓜、茄子、中東
蔬菜球，淋上優酪中東芝麻醬。

＊**中東蔬菜球（18個量）**　將200g乾燥的鷹嘴豆泡在
　大量的水裡一晚後，以篩網撈起來，放到食物調理機
　裡打成泥。將1/2顆中型洋蔥、2片大蒜切成細末後，
　與1小匙孜然粉、1/4小匙香菜粉、1小匙鹽、少許白
　胡椒、2大匙義大利巴西里（切末）一起與鷹嘴豆泥
　拌勻。將食材挖出一口大小，捏成圓球後，放入油鍋
　油炸。

＊＊**醋漬小黃瓜**　將小黃瓜垂直切成兩半，挖掉種籽
　再斜切成5mm厚的片狀。在表面抹鹽後，淋上白酒
　醋，靜置15分鐘醃漬一下。

＊＊＊**優酪中東芝麻醬**　將60g優酪、30g中東芝麻醬、2
　小匙檸檬汁拌勻後，再視個人口味拌入孜然粉、香
　菜粉、大蒜粉、白胡椒，最後以鹽調整味道。

POINT
● 口袋麵包是為了方便將食材送入口中的袋子，可同時
　填入大量食材。口袋型的口袋麵包比一般的三明治更
　可放入大量食材，其紮實的口袋也是一大特徵。

● 將徹底冷藏的生菜沙拉與現炸的中東蔬菜球塞入口袋
　麵包後，立刻大口享受美食吧。

中東蔬菜球是由鷹嘴豆製作
的健康系可樂餅。

鮮炸蔬菜的口袋麵包三明治

為蔬菜裹上麵衣而炸得酥脆的鮮炸蔬菜,比中東蔬菜球的做法簡單,味道也較為輕盈。除了花椰菜、茄子、櫛瓜,另外搭配玉米、南瓜、秋葵、彩椒也是不錯的選擇。

材料　1組量
口袋麵包……1/2片
萵苣、紅葉萵苣……10g
醋漬小黃瓜(參照123頁)……10g
醋漬紫高麗菜……10g
鮮炸蔬菜＊……60g
優酪中東芝麻醬(參照123頁)……10g
辣椒醬……適量

製作方法
1. 將口袋麵包張成口袋狀後,依序填入萵苣、紅葉萵苣、醋漬紫高麗菜、醋漬小黃瓜、鮮炸蔬菜這些食材。
2. 淋上優酪中東芝麻醬後,再視個人口味酌量淋上辣椒醬。

＊**鮮炸蔬菜**　將2顆雞蛋、2大匙低筋麵粉、4大匙小、1小匙義大利巴西里(切末)、鹽、少許的孜然粉與白胡椒拌成麵糊。1/2棵的花椰菜分拆成小朵後,將1根櫛瓜與1根茄子切成一口大小的滾刀塊。沾裹剛剛調製的麵衣後,下鍋油炸。

arrange

沙威瑪式烤肉沙拉口袋麵包

這次要將與中東芝麻醬齊名的超人氣土耳其烤肉調整成口袋麵包三明治的口味。這次搭配的只有大量的蔬菜喔！

材料　1組量
口袋麵包……1/2片
萵苣、紅葉萵苣……10g
醋漬小黃瓜（參照123頁）……10g
醋漬紫高麗菜……10g
沙威瑪式烤肉＊……50g
優酪中東芝麻醬（參照123頁）……30g
辣椒醬……適量

製作方法
1.將口袋麵包張成口袋狀後，依序放入萵苣、紅葉萵苣、醋漬紫高麗菜、醋漬小黃瓜、沙威瑪式烤肉。
2.淋上優酪中東芝麻醬，再視個人口味酌量淋上辣椒醬。

＊**沙威瑪式烤肉**　將1/4顆洋蔥（磨成泥）、1片大蒜（磨成泥）、2大匙優酪、1大匙番茄醬、1小匙鹽、1小匙孜然粉、1/4小匙香菜粉、少許的白胡椒與凱焰辣椒粉倒入塑膠袋裡徹底拌勻。倒入200g牛肉（切成薄片），靜置3小時到1個晚上，讓牛肉充分吸收香料味道後，再將牛肉放入平底鍋煎熟。

Column

土耳其三明治 Balik Ekmek

土耳其料理被譽為世界三大料理之一，而土耳其自古以來就為東西兩方的貿易樞紐，因此當地的飲食文化也由全世界各種食材與香料揉雜而成。由於土耳其屬伊斯蘭文化圈，所以幾乎不吃豬肉，以羊肉為主要肉品。面海的伊斯坦堡一帶常可吃到海鮮，而圍繞在連接伊斯坦堡新舊市區的加拉達大橋周邊的三明治小攤則是當地的名產之一。Balik的意思為魚，Ekmek則是麵包的意思。

材料　1組量
柔軟系的法國麵包（100g）……1根
奶油（無鹽）……4g
鯖魚（切片）……1片
紫洋蔥（切片）……15g
檸檬（切成半月片）……2片
生菜……15g
鹽、白胡椒……適量

製作方法
1.將鯖魚骨頭剔除後切成兩半，撒上些許鹽與白胡椒，再以平底鍋或烤架煎熟。
2.從法國麵包側邊劃一道刀口，在剖面塗上奶油後，依序挾入生菜、步驟1的鯖魚與洋蔥片、檸檬片。

BÁNH MÌ

越南三明治／Vietnam

[飲食文化背景‧起源]

越南約有一百年是法國的殖民地，而麵包的飲食文化也在這期間滲入越南當地。越南的飲食文化除了局部受到法國人傳入法國麵包、咖啡、布丁的影響，也擺脫不了過去長達1000年遭受中國統治的影響。越南的飲食文化除了吸收熱炒與製麵這類料理技術，也同時沿用香草、蔬菜、魚露這些食材的搭配知識，進而發展出獨自的特色，也突顯出當成飲食的靈活性。由法國麵包製作的三明治也由支撐平民飲食基礎的攤販而起，自然而然地紮根於越南。

Bánh Mì這句越南話雖是越南麵包的總稱，但一般所指的都是法國麵包。將肉挾入法國麵包的越南三明治稱為「bánh mì thịt 」（thịt）是肉的意思），但通常都會直接簡稱為bánh mì。豬肝醬、越式火腿、醋漬紅白蘿蔔是常見的經典組合，其他還有將越南家常菜拌入白飯的這類搭配方式。

越南三明治 Bánh Mì Thịt

與法國棍子三明治最大的不同之處在於麵包的口感。

越南三明治使用的是柔軟系的棍子麵包，因此就算挾滿了食材，依舊方便咀嚼。

使用大量的蔬菜與香草也是越南料理的特色之一。

甜味、鹹味、酸味、香草的清涼感都與麵包的香氣十分合拍，交織而成的複雜滋味也是這道三明治的魅力之一。

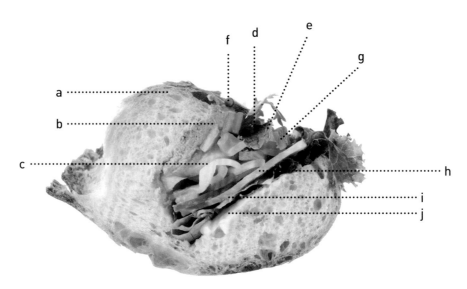

基本組合

麵包 …………	柔軟系的法國麵包
食材 …………	越式火腿、豬肝醬、醋漬紅白蘿蔔、 香草、魚露、奶油
法則類型 ………	B-1

a. 柔軟系法國麵包

b. 豬肝醬

c. 醋漬紅白蘿蔔、魚露醬

d. 香菜

e. 薄荷

f. 淺蔥

g. 醋漬紅白蘿蔔

h. 里肌火腿

i. 紅葉萵苣、萵苣

j. 奶油

材料 1組量

柔軟系的法國麵包（100g）……1根

奶油（無鹽）……4g

豬肝醬……15g

紅葉萵苣……3g

萵苣……3g

里肌火腿（切成兩半）……1片

醋漬紅白蘿蔔＊……30g

魚露醬＊＊……5g

淺蔥（切成2cm寬）……1/2根

香菜……適量

薄荷……適量

製作方法

1. 從法國麵包側邊切出一道刀口，並在下方剖面塗上奶油，另外在上方剖面塗抹豬肝醬。

2. 依序將紅葉萵苣、萵苣、里肌火腿、醋漬紅白蘿蔔挾入麵包，淋上魚露後，再鋪上淺蔥、香菜與薄荷。

＊**醋漬紅白蘿蔔** 將表面揉鹽醃漬過的白蘿蔔與胡蘿蔔放入以醋2：砂糖2：水1比例調成的甜醋醃漬。

＊＊**魚露醬** 將魚露、檸檬汁、砂糖、越南甜辣醬、水各1大匙調勻。

POINT

● 越南的某些法國麵包摻有米粉，所以質地非常紮實，也非常容易咬斷。正因為口感十分輕盈，所以才能與大量的食材取得平衡。本書將這種麵包定位為「柔軟系的法國麵包」。

● 充滿越南風味的調味料（魚露）與香草（香菜、薄荷、淺蔥）都是這道三明治的調味重點，能因此調配出印象震撼的滋味。各位讀者不妨試著換上另外的香草，尋找自己的口味。

越南的法國麵包口感輕盈，十分容易入口。

一次大量使用多種香草。

129

魚露風味炸雞與越南甜辣醬沙拉風味的豆芽菜組成的越南三明治

越南甜辣醬也是充滿越南風情的調味料之一，其獨特的酸甜與辣味十分均衡，也與麵包十足對味。與魚露組合之下，讓美妙的味譜更為拓展。

材料　1組量

柔軟系法國麵包（100g）……1根

奶油（無鹽）……6g

萵苣……4g

紅葉萵苣……4g

豆芽菜青蔥越南甜辣醬沙拉＊……30g

魚露風味的炸雞＊＊……60g

魚露醬（參照129頁）……3g

香菜……適量

製作方法

1.從法國麵包側邊切出一道刀口，並在剖面塗上奶油。

2.依序將萵苣、紅葉萵苣、豆芽菜青蔥越南甜辣醬沙拉、魚露風味的炸雞挾入麵包裡，淋上魚露醬後，再鋪上香菜葉。

＊**豆芽菜青蔥越南甜辣醬沙拉**　將1包豆芽菜與1/2根量的胡蘿蔔絲放入摻鹽的熱水裡氽燙，再與切成3cm長的青蔥（4根量）拌勻，然後以30g的越南甜辣醬調和。

＊＊**魚露風味的炸雞**　先將1片雞腿肉切成一口大小的小塊，再放入魚露風味的醃汁（以1大匙魚露、1/2大匙檸檬草（切末）、10g生薑（磨成泥）與1大匙沙拉油調勻製成），醃漬1～3小時。以餐巾紙吸除多餘的水分後，在表面裹上一層麵粉，再入鍋油炸。

越南風香煎牛肉的越南三明治

散發著魚露、檸檬香茅、生薑香氣的牛肉與麵包十分對味,是一款充滿沙拉風味的三明治。在香菜、薄荷與紫洋蔥香氣的交織下,儘管滋味複雜,後韻卻清爽無比。

材料　1組量

柔軟系法國麵包（100g）……1根
奶油（無鹽）……6g
萵苣……5g
紅葉萵苣……5g
越南風香煎牛肉＊……40g
紫洋蔥（切片）……6g
魚露醬（參照129頁）……3g
香菜、薄荷……適量

製作方法

1. 從法國麵包側邊切出一道刀口,並在剖面塗上奶油。
2. 依序將萵苣、紅葉萵苣、越南風香煎牛肉挾入麵包裡,淋上魚露醬後,再鋪上紫洋蔥,最後以薄荷、香菜葉點綴。

＊**越南風香煎牛肉**　將300g牛肉放入以1大匙魚露、1/2大匙檸檬草（切末）、10g生薑（磨成泥）、1大匙沙拉油調成的醃汁裡,醃漬1～3小時,再將牛肉放至平底鍋煎熟。

かつサンド

豬排三明治／Japan

「炸豬排」源自法國料理的cotelette，主要是一種在犢牛肉、帶骨羊肉的表面抹上胡椒鹽，沾裹麵粉、蛋黃與麵包粉，再以奶油煎至兩面金黃的食物，英文則稱為cutlet，日文的發音則簡稱「卡滋列滋」。明治初期也常見在牛肉或雞肉表面沾裹麵包粉再油炸的料理，日後隨著豬肉普及，由銀座煉瓦亭在1895年推出的「豬肉卡滋列滋」也搏得人氣。後續的1929年，「PUNCH軒」則首次推出「炸豬排」這項料理，進而急速成為眾所皆知的日式西餐三大菜色之一（另外二種菜色分別為咖哩飯與可樂餅）。「豬肉卡滋列滋」與「炸豬排」的差異在於肉的厚度。將厚切的肉片以大量的油油炸，屬於日本傳統的天婦羅油炸技術，相對於需要以餐刀搭配叉子食用的「卡滋列滋」而言，「炸豬排」的特徵則在於為了方便以筷子食用，都會預先分切成小塊。酥脆的日式麵包粉與日式伍斯特醬的發展，也對「炸豬排」這項料理的推廣有著十足的貢獻。隨著「炸豬排」這道料理的人氣扶搖直上，豬排蓋飯、豬排重[1]、豬排咖哩飯這些菜色也應運而生，其中「豬排三明治」這種西式餐點搭配麵包的食物，更是各種文化融合之後的結晶。

[1] 豬排重：以漆器盛裝的豬排飯。

豬排三明治

豬排三明治的美味之處在於滲入麵包的醬汁以及合為一體的麵包。略甜的醬汁與麵包很對味,各位讀者不妨依個人口味自行調製醬汁,與搭配大量的研磨芝麻,一定能讓這道三明治的香氣加乘。
若是打算挾入高麗菜絲,記得先將麵包稍微烤一下喔。

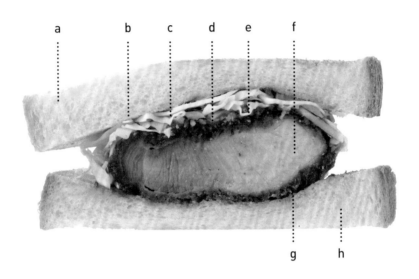

基本組合

麵包 ·············	角型吐司
食材 ·············	炸豬排、醬汁、奶油
法則類型 ········	C

a. 角型吐司
b. 奶油
c. 高麗菜
d. 炸豬排醬
e. 白芝麻
f. 里肌炸豬排
g. 奶油
h. 角型吐司

材料　1組量

角型吐司（20mm切片）……2片
奶油（無鹽）……6g
里肌炸豬排＊……1塊（120g）
炸豬排醬＊＊……20g
研磨芝麻（白）……5g
高麗菜（切絲）……20g

製作方法

1.角型吐司稍微烤過後，在表面塗上奶油。

2.將里肌炸豬排疊在步驟1的吐司上，淋卜炸豬排醬再撒點研磨芝麻，然後鋪上高麗菜，再蓋上另一片吐司。

3.切掉吐司上下兩邊後，分切成3等分。

＊里肌炸豬排　先將豬里肌肉的筋切斷，再以肉錘將肉拍軟，接著撒點鹽與白胡椒，再於室溫靜置30分鐘，等待味道滲入豬肉裡。讓豬肉過一次全蛋液（100g麵粉、1顆雞蛋、70g牛奶），再均勻沾裹生麵包粉，然後放入攝氏180度油溫的熱油裡，炸至金黃酥脆為止。

＊＊炸豬排醬　將80g的中濃醬、20g的伍斯特醬、20g的番茄醬、10g的蜂蜜調勻即可。

POINT

●吐司的厚度可隨炸豬排的份量調整。這次使用的是20mm厚的切片。

●炸豬排的特色在於淋上大量的醬汁。當醬汁滲入麵衣，與又麵包彼此融合時，就是最為美味的部分。豬排的厚度以及本身的調味方式，都會影響醬汁的需要量。雖然大部分都只在炸豬排的單面淋醬，但在兩面淋醬，讓炸豬排徹底吸收醬汁的味道後才挾入吐司的做法也不少見。

●這道三明治美味與否與炸豬排本身的肉質絕對有關，但說到底還是醬汁的味道最為關鍵。各位讀者不妨試著以市售的醬汁調出專屬自己的口味吧。

也可以將炸豬排過一次醬汁再挾入吐司裡。

＊炸腰內肉　將一條腰內肉切成兩半,再沿里肌炸豬排的步驟油炸。

炸腰內肉三明治

口感濕潤的吐司與一咬就斷開的炸腰肉是絕妙搭擋。若是搭配調得略甜的炸豬排醬那就更加對味。請大家一同品嚐炸豬排、醬汁與吐司搭配而成的簡單滋味。可視個人喜好決定辣椒醬的有無。

材料　1組量
角型吐司（20mm切片）……2片
奶油（無鹽）……6g
炸腰內肉＊……1片（120g）
炸豬排醬（參照135頁）……20g
日式黃芥末醬……適量（本書用量為3g）

製作方法
1.先在角型吐司單面塗上奶油。
2.將炸腰內肉疊在吐司表面,再淋上炸豬排醬。
3.在另一片吐司塗上日式黃芥末醬（可視個人口味酌量使用）,再蓋在步驟2的吐司上。將吐司邊切掉之後,分切成3等分。

炸牛排三明治

在關東一帶提到炸肉排,最先聯想到的當然是炸豬排,但在關西一帶也常吃得到炸牛排。以厚切牛排肉製作的炸牛排可是閃耀著粉嫩的粉紅色喔。佐上以紅酒增香的多明格拉斯醬,就成了這道滋味奢華的三明治。

材料　1組量
角型吐司（20mm切片）……2片
奶油（無鹽）……6g
炸牛排＊……1片（120g）
多明格拉斯醬＊＊（參照135頁）……20g
日式黃芥末醬……4g

製作方法
1.在稍微烤過的角型吐司表面塗上奶油。
2.將炸牛排疊在吐司表面,並淋上多明格拉斯醬。
3.在另一片吐司抹上日式黃芥末醬,再壓在步驟2的吐司上。切掉吐司上下兩邊後,分切成3等分。

＊炸牛排　牛里肌肉（牛排專用）的處理方式與豬里肌肉相同,差別只在油炸方式。先將炸油加熱至攝氏200度左右,再以計時器計時,將牛里肌肉放入油鍋炸1至1分鐘半,直到整體炸出金黃色為止。將炸好的炸牛排靜置5分鐘,再挾入吐司裡。重點在於以高溫、短時間油炸,再透過餘熱讓牛肉慢慢熟成。

＊＊多明格拉斯醬　將50ml的紅酒倒入鍋裡,加熱至酒精揮發後,再倒入一整罐市售的多明格拉斯醬罐頭（290g）、1大匙巴薩米可醋、1大匙蜂蜜、3大匙番茄醬,稍微燉煮後,再以鹽、白胡椒調味。

炸雞鄉村麵包三明治

炸雞比炸豬排美味之餘，也與大量的塔塔醬、高麗菜非常對味。
一口咬下柔軟系的鄉村麵包三明治，既能填飽胃袋，又能滿足口感。

材料　1組量

法式鄉村麵包（柔軟系／3cm）……1塊
奶油（無鹽）……6g
萵苣……6g
高麗菜（切絲）……20g
炸雞＊……60g
塔塔醬＊＊……20g

製作方法

1. 在法式鄉村麵包上方切出V字型的刀口，讓左右兩半的麵包各留1.5cm厚，接著在內側塗上奶油。
2. 將萵苣與高麗菜絲挾入步驟1的麵包裡，接著將炸雞疊在高麗菜絲上方，最後淋上塔塔醬。

＊**炸雞**　先將一整塊雞腿肉切成一口大小的小塊，再放入以1大匙醬油、1大匙酒、1瓣蒜（磨成泥）、1小匙生薑（磨成泥）、麻油、鹽、白胡椒調成的醃汁醃漬入味。將雞肉從醃汁拿出來後，在表面裹上一層太白粉，再放入預熱至攝氏180度的熱油油炸。

＊＊**塔塔醬**　將1顆雞蛋（切丁）、10g酸黃瓜（切丁）、1大匙巴西里（切末）、60g美乃滋、5g檸檬汁拌勻後，以鹽和白胡椒調味。

コッペパンサンド

熱狗麵包三明治／Japan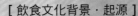

[飲食文化背景・起源]

　　熱狗麵包屬於日本獨創的麵包，主要是利用吐司的麵團製作。一開始是於昭和10年（西元1935）作為一人份營養午餐麵包供應，後來則因橄欖型法國麵包（coupe，中央劃有一道切口的小型麵包）而得到現在這個名字（日文發音與coupe相似）。二次世界大戰後，全國學校開始提供營養午餐後才隨之普及，日後又與蛋沙拉、馬鈴薯沙拉這類美乃滋風味的沙拉以及可樂餅這類油炸類食物搭配，組成日本才有的三明治。最值得一提的是，這種三明治還能挾入炒麵、拿坡里義大利麵、通心粉沙拉，形成碳水化合物挾入碳水化合物的奇妙組合。平價卻份量十足也是這款三明治的魅力之一，因此廣受各年齡層喜愛。希望大家能一起回顧這款日式三明治最初的創意與潛藏其中的美味。

basic sandwich

炒麵麵包

醬味徹底滲透的炒麵與微甜的柔軟系麵包非常和諧。由於味道很容易想像,所以每個人都能拿在手上一嚐,許多愛好者也對這款麵包的滋味與份量大為滿足。紅薑的點綴絕對是不可或缺的美味。

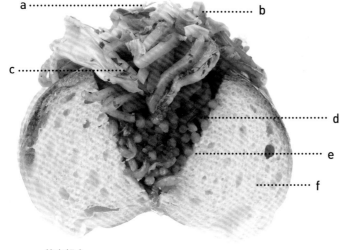

a ⋯⋯⋯⋯⋯⋯⋯⋯⋯⋯ b

c ⋯⋯⋯⋯⋯⋯

d

e

f

a. 柴魚片
b. 紅薑
c. 綠海苔
d. 炒麵
e. 奶油
f. 熱狗麵包

基本組合

麵包 ⋯⋯⋯⋯⋯	熱狗麵包
食材 ⋯⋯⋯⋯⋯	炒麵、紅薑、奶油
法則類型 ⋯⋯⋯	B-1

材料 1組量

熱狗麵包(75g)
奶油(無鹽)⋯⋯⋯6g
醬燒炒麵＊⋯⋯80g
紅薑⋯⋯5g
柴魚片、綠海苔⋯⋯適量

製作方法

1. 在熱狗麵包正上方切一道刀口,並在剖面塗上奶油。
2. 挾入醬燒炒麵,再鋪上紅薑、柴魚與綠海苔。

＊**醬燒炒麵** 將50g豬五花、50g切成粗片的高麗菜、20g切成短條的胡蘿蔔一同放入鍋裡熱炒,再以鹽、白胡椒稍微調味。倒入麵條後,注入少量的水,稍微將麵條撥散,再以大火快炒。最後拌入各1大匙的中濃醬與伍斯特醬。

POINT

● 醬汁淋漓的醬燒炒麵與微甜的柔軟系麵包很是絕配。紅薑那清爽的辣味也成為畫龍點睛的滋味。

● 由於味道很容易想像,所以每個人都可以吃上一個。適當的份量也能充滿回應渴望的胃袋。

以蝴蝶刀從熱狗麵包正上方切開後,再塗上奶油。

arrange

製作方法

1. 在熱狗麵包的正上方劃出刀口，並在剖面塗上奶油。
2. 挾入拿坡里義大利麵，再撒點巴西里末。

拿坡里義大利麵熱狗麵包

常見的拿坡里義大利麵也能利用大量的蔬菜與香腸變得份量滿點！

加點蜂蜜提味，調整成微甜的口味是這道熱狗麵包的調味關鍵。

材料　1組量

熱狗麵包（75g）⋯⋯1個
奶油（無鹽）⋯⋯6g
拿坡里義大利麵＊⋯⋯80g
巴西里（切末）⋯⋯適量

＊**拿坡里義大利麵**　先將一大鍋水煮至沸騰，再撒一點鹽，接著放入比一般長度略長的義大利麵（160g）汆煮。以平底鍋加熱2大匙橄欖油後，倒入8根量切成圓片的維也納香腸，與1/2顆量切成梳子狀的洋蔥拌炒。倒入1根量切成圓片的茄子、2顆刮除種籽並切成細絲的青椒拌炒，再將10顆剖成兩半的小番茄倒入鍋裡，然後以鹽、白胡椒稍微調味，再倒入調味料（100g的番茄醬、1大匙的伍斯特醬、1大匙的蜂蜜）稍微燉煮一下。將煮義大利麵的熱水（約3大匙）倒入平底鍋裡煮沸後，倒入煮好的義大利麵再徹底拌炒，直到醬汁均勻裹在麵條表面為止。

通心粉沙拉熱狗麵包

水煮雞肉配水煮蛋與洋蔥的超簡單通心粉沙拉，給人一種既懷念又新鮮的滋味。

粗研磨黑胡椒也整合了整體味道。

材料　1組量

熱狗麵包（75g）⋯⋯1個
奶油（無鹽）⋯⋯6g
萵苣⋯⋯4g
通心粉沙拉＊⋯⋯80g
黑胡椒⋯⋯適量

製作方法

1. 從熱狗麵包的正上方劃出刀口，並在剖面塗上奶油。
2. 挾入通心粉沙拉，再撒點粗研磨的黑胡椒。

＊**通心粉沙拉**　通心粉（70g）需要耗費較長的時間才能煮軟，煮軟後，趁熱與30ml的酸醋醬拌勻。將50g的洋蔥片泡在水裡洗去嗆味，再與撕成細絲的水煮雞肉、15g的美乃滋、1顆剁成碎末的水煮蛋拌勻，然後以鹽、白胡椒調味。

arrange

可樂餅熱狗麵包

可樂餅可說是熱狗麵包的經典食材，雖然不是碳水化合物×碳水化合物的組合，但是油炸類的食材也非常具有人氣。建議使用不摻雜任何食材，單憑馬鈴薯製成的可樂餅來製作這道料理。

材料　1組量
全粒粉迷你熱狗麵包（40g）……1個
奶油（無鹽）……6g
萵苣……4g
可樂餅（80g）＊……1個
炸豬排醬（參照135頁）……12g

製作方法
1.在全粒粉迷你熱狗麵包的正上方切出一道刀口，並於剖面塗上奶油。
2.將萵苣、切半的可樂餅依序鋪在麵包上，再淋上醬汁。

＊**可樂餅**　先將整顆馬鈴薯連皮放入壓力鍋蒸熟，拿出來剝去外皮後，以馬鈴薯搗爛器壓成馬鈴薯泥，再以鹽與白胡椒調味。將調好味道的馬鈴薯泥捏成一顆顆重量約為80g的圓球，再放入全蛋液（參照135頁）過一遍，在表面均勻沾裹生麵包粉之後，放入預熱至攝氏180度的熱油油炸。

フルーツ・サンドイッチ

水果三明治／ Japan

[飲食文化背景‧起源]

　　鮮奶油搭配水果與角型吐司所組成的甜點三明治，可是日本才有的特殊組合。

　　雖然起源不詳，但是這款冰果店的經典菜色可是在女性之間擁有超高人氣的。儘管看似單純，但美味與否全由鮮奶油與水果的品質左右。希望各位讀者也能重新將這道三明治視為烘培坊才有的甜點。

basic sandwich

水果三明治

這是一道喜歡草莓蛋糕的日本人才能想得出來的蛋糕三明治。

由於食材簡單，所以必須更講究鮮奶油的品質、水果的熟度與麵包的濕潤口感。

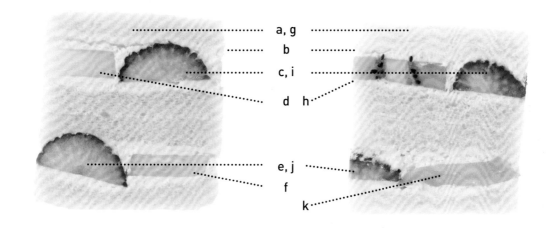

a, g
b
c, i
d h
e, j
f
k

基本組合

麵包 …………	角型吐司
食材 …………	水果、鮮奶油
法則類型 ………	C

a. 角型吐司   g. 角型吐司

b. 鮮奶油   h. 奇異果

c. 草莓   i. 草莓

d. 哈蜜瓜   j. 草莓

e. 草莓   k. 芒果

f. 鳳梨

材料　1組量

角型吐司（12mm切片）……2片

鮮奶油（乳脂肪達40%以上、

加入10%細砂糖打發至凝固的地步）……40g

草莓……2顆

鳳梨（8mm切片）……1片

奇異果（8mm切片）……2片

芒果（8mm切片）……2片

製作方法

1.在角型吐司表面塗上1/2量的鮮奶油，再均勻鋪上水果。

2.在另一片吐司表面塗上奶油，然後蓋在步驟1的吐司上。

3.切下吐司邊，再分切成4等分。

POINT

●選用口感濕潤，入口綿融的角型吐司。

●鮮奶油最好使用乳脂達40%且已打發的種類。抹在吐司表面之後，將吐司放在冰箱冷藏30分鐘，鮮奶油就會凝固，分切成三明治的時候，也能切得整齊美觀。倘若鮮奶油的乳脂成分不足，就很容易融解。

●水果最好使用熟到恰到好處，甜味大增的種類。各位讀者不妨一邊想像剖面的繽紛色彩，一邊愉快地擺上各種水果。

原創的季節性三明治

原創三明治的組裝方式

經典三明治是組裝的基本模式

三明治，本來就是一種自由搭配的食物。

因此，倘若您只是想為自己設計新菜單，就只需要將愛吃的食材裝進三明治裡。只要您是靈感來源（origin=起源），製作出來的三明治就一定是原創三明治。

倘若不是，您是為了某個人或不特定多數的顧客製作三明治，建議不要從零開始組裝，而是參照經典三明治的做法，再自行加點花樣。因為正如「經典三明治的設計思維（22～27頁）」提過的，經典三明治濃縮了各式各樣「製作三明治的基本知識」，只要活用這點，就等於尋得製作美味三明治的捷徑。

想像食用場合，建立組裝理念

以經典三明治為雛型，當然可以變化出無限多種原創的三明治，但說到底，我們並不需要如此多種組合，只要隨著各種食用場合，設計出最合適的三明治就綽綽有餘了。

這代表，先想像食用場合是重要的。食用場合可先以5W1H推測，之後就能具體想像出享用三明治的實際情況。

舉例來說，食用者是小孩、30幾歲的女性，還是50幾歲的男性？是當成早餐還是晚餐吃？是在家裡吃、戶外吃？想吃日式還是法式三明治？⋯⋯。

根據5W1H思考之際，建議各位先從「誰（WHO）」這點著手。如果這階段還無法具體想像食用場合，或許就能判斷其實不需要設計這道三明治。

著手製作新菜色應該先以5W1H推斷食用場合，而不是先決定食材與麵包。只有根據這些推斷想出具體細節與故事，新菜色，也就是原創三明治才有存在的理由。

此外，在相同的內容之中，WHO可以從「食用者」換成「製作者」。光是改變立場，原本的內容就能直接替換成開發目的、目標族群、前提條件、具體商品印象、促銷手法，而這些都將成為新菜色的理念。

當成+α元素使用的季節性與主題性

設計原創三明治的時候，雖然也能直接在經典三明治添加「+α元素」（請參照26～27頁的「經典三明治的變化之道」），但是若能以季節為主軸，將可更快找到適當的組合。季節更迭明顯的日本對於充滿季節性的菜色特別有好感，而這些菜色也包含了當令食材、季節特色、當季滋味與當季特有用餐場景的元素。

本書將以春夏秋冬四季特有的當令滋味與用餐場景為主題，為各位介紹如何具體設計原創三明治的食譜。

下列LESSON1～11（150頁～209頁）的11個標題都是可以直接當成三明治製作主題的內容。這些主題雖然以四季分類，但是讓這些主題改頭換面，用於其他季節也是不錯的選擇。

表格5. 從5W1H推薦的食用者與製作者的觀點

		食用者的觀點	製作者的觀點
WHO(誰)	→	特定的某人	目標族群
WHEN(何時)	→	想吃的時期、時間	供餐時期、時間
WHERE(何處)	→	購買、食用的地點	供餐地點
WHAT(做什麼)	→	想吃的菜色	想提供的菜色
WHY(動機)	→	目的	開發理由、動機
HOW(如何)	→	用途	製造、銷售與促銷手法

表格6. 原創三明治的組裝方式

1.擬定組裝理念

①食用場合	②季節	③主題
根據5W1H推論而來的食用者與製作者的觀點（參照146頁表格5）	有 春／夏／秋／冬 無	Lesson1～11的主題（參照150～209頁的各個項目） 其他

2.決定食材、主題與銷售方式

④基本食材	⑤主題元素	⑥銷售方式
麵包 食材 醬汁	食材 食用場合	包裝 提供方式

3.重組菜單

⑦經典三明治	⑧麵包與食材的組合法則
從全世界7個國家、2大地區的25種菜單挑選（參照149頁表格7的⑦－菜單一覽表）	A ／ B-1 ／ B-2 ／ C

4.完成

①＋②＋③＋④＋⑤＋⑥＋⑦＋⑧=原創三明治

■組裝範例:
LESSON 2 ① 油菜花&櫻花&生火腿的棍子三明治 的例子（參照158 ～ 159頁）

1.擬定組裝理念

①食用場合

食用者觀點→30歲女性上班族，平日的午餐都於公司休息室與同事一起吃。希望能在有限的時間內快速享受美食。

製作者觀點→製作適合20～30歲女性上班族的三明治，並於辦公大樓林立的街道旁店面銷售。銷售方式為午餐時間限定，並以附冷飲的快速午間套餐的方式推出。

②季節→春

③主題→以當令食材為主軸

2.決定食材、主題與銷售方式

④基本食材→棍子麵包、生火腿、奶油起司、蜂蜜

⑤主題元素→當令食材 油菜花、鹽漬櫻花

⑥銷售方式→午餐時間限定、外帶專用

3.重組菜單

⑦經典三明治→棍子三明治

⑧麵包與食材的組合法則→A

4.完成

「油菜花&櫻花&生火腿的棍子三明治」完成。

＊原創三明治的製作主題範例
（參照150～209頁各項目）

原創三明治的組裝方式

讓我們試著根據剛剛所講的內容來實際動手組裝原創三明治吧。組裝的步驟雖已整理在「表格6.原創三明治的組裝方式」（參照147頁），但具體的內容將在下列解說。

1.擬定組裝理念
為什麼要設計這個菜單？可先根據下列的①～③整理出前提條件。揉合這些條件後，腦中的想像將變得更具體，組裝理念也將更為確實。

①食用場合的設定
先設定三明治的食用者，再以5W1H具體想像食用三明治的場合。此外，可改變觀點，再以同樣的邏輯從製作者的立場思考。（5W1H的思考方式請參照146頁表格5.）

②季節的設定
視情況設定季節。若是全年供應的主題就不需要另行設定。

③主題的設定
可從前面列舉的LESSON1～11的主題選擇或是另行設定新主題。

2.決定食材、主題與銷售方式
根據1.的組裝理念列出組裝所需的項目，也就是④～⑥的內容。
④基本食材（麵包、食材、醬汁）
⑤主題（當令食材與使用方法、季節活動之類的場合）
⑥銷售方式（包裝、提供方式）

3.重組菜單
先選擇作為雛型的經典三明治，再另行拿捏麵包與食材之間的均衡。將1.與2.的內容組合成具體的新菜單。
⑦經典三明治菜色（參照右頁表7.的⑦）
⑧麵包與食材的組合法則（參照27頁表3）

＊⑧的部分，在此先與經典三明治的菜色切割，只從麵包與食材的平衡以及麵包的種類考慮。

4.完成
按部就班完成①～⑧的步驟，就能組裝出理念明確的原創三明治。

本書的LESSON1～11將依照上述步驟組裝原創三明治。本書將上述1.的②與③所組合的內容稱為「原創三明治製作的主題範例」，2.則與STEP2～3有關，3.則與STEP3有關，並且分別講解這些步驟的思考邏輯。（為了限定①的內容範圍，本書將避開過於詳細的設定）

「表7.原創三明治 理念表」（參照149頁）為填寫式表單，可先影印一份，於實際製作原創三明治的時候使用。

表格7.原創三明治 理念表

1.擬定組裝理念

①食用場合	②季節	③主題
WHO（誰）	有　□春　□夏	□**Lesson1**　□**Lesson2**　□**Lesson3**
WHEN（何時）	□秋　□冬	□**Lesson4**　□**Lesson5**　□**Lesson6**
WHERE（何處）		□**Lesson7**　□**Lesson8**　□**Lesson9**
WHAT（做什麼）	無□	□**Lesson10**　□**Lesson11**
WHY（動機）		
HOW（如何）		□其他

2.決定食材、主題與銷售方式

④基本食材	⑤主題元素	⑥銷售方式
麵包	食材	包裝
食材		
醬汁	場合	提供方式

3.重組菜單

⑦經典三明治菜色

□烤牛肉三明治	□下午茶三明治	□全天候早餐
□棍子三明治	□法式麵包片	□火腿起司三明治
□法國尼斯三明治	□驚喜麵包	□BLT
□總匯三明治	□魯賓三明治	□貝果三明治
□班尼迪克蛋	□黑西哥捲餅	□PB&J
□蒙特克里斯托三明治	□德式冷食	□德國油煎香腸麵包
□帕尼諾	□丹麥三明治	□中東蔬菜球
□越南三明治	□炸豬排三明治	□熱狗三明治
□水果三明治		

⑧麵包與食材的組合法則
□**A**
□**B-1**
□**B-2**
□**C**

組成元素：　麵包　＋　油脂　＋　主食材　＋　醬汁　＋　重點食材
　　　　　　↓　　　　↓　　　　↓　　　　　　↓　　　　　↓

4.完成

菜單名稱　　　　　　　　　　特色

春

Spring

靈活選用當令食材

三明治與新季節的來臨極為相似。沐浴在暖洋洋的陽光之中,美味倍增的當季蔬菜與香氣漸層的山蔬們。賞花與野餐怎可少了三明治這一味。使用季節感盈滿的當令食材,一起享用由食材蘊釀的清爽滋味吧。

春季三明治食材

春 （3月～5月）

蔬菜：春季高麗菜、新鮮洋蔥、新鮮馬鈴薯、白蘆筍、綠蘆筍、四
　　　季豆、豌豆、蠶豆、荷蘭豆、油菜花、款冬花、款冬、土當
　　　歸、春季牛蒡 etc.

水果：草莓、伊予柑、八朔橘、夏季椪橘這類柑橘類水果、枇杷、
　　　哈蜜瓜 etc.

＊冠上「新」或「春」的經典蔬菜可提供當季才有的清新香氣與柔軟的食
　感。使用香氣十足的山蔬也是一件很有趣的事情。

從當令食材發想
當令食材的三明治 I

POINT
- 以「當令食材」營造單的季節感。
- 從活用「當令食材」的組合設計菜單。
- 依照「當令食材」的選擇決定切法、料理方式與調味，藉此產生不同的變化。

STEP 1　選擇食材

選擇春季高麗菜。

春季高麗菜是一種誰都能想像味道的食材。由於沒有任何奇怪的味道，所以很適合與其他食材搭配。

發想▷▷▷ 若以春季而言，新洋蔥也能以同樣的思維加入菜單。

食材memo
3月～5月上市的「春季高麗菜」的葉子通常捲成球狀，從裡到外都是脆嫩的黃綠色。
味道水嫩鮮甜，很適合直接生食。

STEP 2　食材的使用方式

思考春季高麗菜的使用方式
切法、加熱、調味的有無，利用簡單的料理方式以增加變化。

無調味

(生食)

a.切絲（粗絲）　b.切絲（細絲）
看似平凡的切絲，也能透過粗細的調整改變印象。

有調味

c.醃漬
將高麗菜切成細絲，再放入基本的油醋醬醃漬（參照61頁）。

d.涼拌
將切成粗絲的高麗菜與鹽均勻揉合後，擠掉多餘的水分，再以美乃滋與白胡椒調味。

(加熱)

e.熱炒（切成粗塊）　f.悶蒸（切成粗塊）
加熱之後，高麗菜的鮮甜將被徹底引出。

STEP 3　重組菜單

在經典菜單加入春季高麗菜，組成春季菜單。

①炸豬排三明治	+	a.春季高麗菜【切絲（粗絲）】
②可樂餅三明治	+	b.春季高麗菜【切絲（細絲）】
③火腿三明治	+	c.春季高麗菜【涼拌】
④魯賓三明治	+	d.春季高麗菜【醃漬（切絲）】
⑤炒麵麵包	+	e.春季高麗菜【悶蒸（切成粗塊）】
⑥德國油煎香腸麵包	+	f.春季高麗菜【熱炒（切成粗塊）】

LESSON 1-①
挾入大量春季高麗菜的炸豬排三明治

經典三明治類型
法則C ×【炸豬排三明治】變化版
+α要素　a.春季高麗菜【切絲（粗絲）】

MEMO
正因為春季高麗菜擁有柔軟與鮮甜的口感，所以才能切成粗絲，而切成粗絲的高麗菜才不會被撒滿黑芝麻與白芝麻的麵包蓋掉存在感。這次故意不替高麗菜調味，只在炸豬炸淋上大量醬汁。

材料　2組量
撒了芝麻的麵包
　（海參形狀·小／12mm厚，切有蝴蝶刀刀口）…2塊
奶油（無鹽）……5g
黃芥末醬……2g
炸腰內肉……1/2塊（切成兩半）
炸豬排醬（參照135頁）……14g
研磨芝麻（白）……3g
春季高麗菜（切絲／粗絲）……16g

製作方法
1. 在芝麻麵包的刀口兩側抹上奶油，另外在其中一側的奶油面抹上黃芥末醬。
2. 將炸腰內肉切成兩半並挾入步驟1的麵包，接著將炸豬排醬與研磨芝麻拌成的醬汁淋在炸腰內肉上，接著在炸腰內肉上挾入春季高麗菜。

滿滿春季高麗菜的可樂餅三明治

在經典可樂餅表面淋上塔塔醬來增加柔和感與份量感，並且搭配大量的春季高麗菜絲讓整個外觀看起來春意盎然。新鮮春季高麗菜的水嫩口感也讓油炸的可樂餅變得更為清爽。

材料　1組量

帕克屋麵包（35g）……1個

奶油（無鹽）……3g

萵苣……3g

可樂餅（75g）……1個

塔塔醬（參照137頁）……20g

春季高麗菜（切絲／細絲）……10g

製作方法

1. 在帕克屋麵包內側抹上奶油，再依序挾入萵苣與可樂餅。
2. 在可樂餅淋上塔塔醬，再鋪上春季高麗菜。

經典三明治類型

法則B-1 ×【熱狗麵包三明治】變化版

＋α要素　b.春季高麗菜【切絲（細絲）】

醃漬高麗菜的魯賓三明治

以油醋醬醃漬春季高麗菜絲，營造出綜合的爽朗風味。

材料　1組量

粗粒全麥山型吐司（小／ 12mm切片）
……2片

奶油（無鹽）……4g

五香煙燻牛肉……80g

春季高麗菜（油醋醬醃漬／參照152頁）
……15g

千島醬（參照83頁）……15g

切達起司（切片）……1片

製作方法

1. 在稍微烤過的粗粒全麥山型吐司的單面抹上奶油。
2. 依序將五香煙燻牛肉、春季高麗菜、千島醬、切達起司挾入吐司裡，再放入烤箱烤至裡頭的起司融化為止。

經典三明治類型

法則B-1 ×【魯賓三明治】變化版

＋α要素　a.春季高麗菜【醃漬】

LESSON 1-④
涼拌春季高麗菜&火腿三明治

經典三明治類型
法則C ×【茶點三明治】變化版
+α要素 **d.春季高麗菜【涼拌】**

材料 1組量
角型吐司（12mm切片）……2片
奶油（無鹽）……8g
里肌火腿……2片
春季高麗菜（涼拌／參照152頁）……25g
塔塔醬（參照137頁）……20g

製作方法
1. 在角型吐司的單面塗上奶油。於一片吐司疊上
   兩片里肌火腿後，再鋪上春季高麗菜。
2. 另一片吐司則在奶油面上塗抹塔塔醬，再壓在
   步驟1的吐司上。切掉吐司邊後，再對半切開。

MEMO
在配料單純的三明治裡加入涼拌春季高麗菜，做
成這道沙拉感十足的三明治。重點在於使用加了
蛋的塔塔醬，而不是直接使用蛋沙拉。溫潤的雞
蛋風味與醋漬食材的酸味形成強烈反差，讓滋味
變得更為爽朗。

春季高麗菜滿載的鹽味炒麵麵包

經典三明治類型

法則B-1 ×【熱狗麵包三明治】變化版

＋α要素　a.春季高麗菜【悶蒸（切成粗塊）】

MEMO

洋溢著檸檬與大蒜香氣的鹽味炒麵擁有清盈的滋味，而高麗菜經過悶蒸後的清甜則與這種炒麵完全契合。讓我們以黑胡椒與檸檬為這道料理點綴重點，仔細地品嚐那清爽的滋味吧。

材料　1組量

熱狗麵包（40g）……1個

奶油（無鹽）……4g

鹽味炒麵＊……30g

春季高麗菜（悶蒸）……20g

粗研磨黑胡椒……適量

檸檬……1/12顆

製作方法

1.在熱狗麵包的正上方劃一道切口，並在剖面抹上奶油。

2.將鹽味炒麵與春季高麗菜一起挾入麵包。撒點粗研磨黑胡椒粉，再在一旁添上檸檬。

＊**鹽味炒麵**　在平底鍋裡倒入些許沙拉油加熱後，將50g的豬肉、2顆量的青椒絲倒入鍋中拌炒，再以鹽與白胡椒稍微調味。倒入炒麵後，稍微淋點酒將麵條炒開後，調和鹽醬的材料（3大匙水、1小匙鹽、1小匙雞粉、1小匙檸檬汁、1瓣量蒜泥、少許白胡椒），再將鹽醬倒入鍋中拌炒。最後淋點麻油增香。

LESSON 1-⑥
糖醋芡汁炸雞三明治

經典三明治類型
法則C ×【炸豬排三明治】變化版
＋α要素　d.春季高麗菜【悶蒸（切成粗塊）】

MEMO
味道清爽的悶蒸高麗菜與利用糖醋芡汁調味的炸雞也十分對味。這是一種能突顯個別食材特色的簡單組合。

材料　1組量
法國鄉村麵包（柔軟系／12mm切片，切入V型刀口）……1片
檸檬奶油（參照215頁）……4g
萵苣……3g
炸雞……60g
糖醋芡汁＊……15g
春季高麗菜（悶蒸）……15g

製作方法
1.在鄉村麵包的剖面抹上檸檬奶油。
2.依序將萵苣、裹上糖醋芡汁的炸雞與春季高麗菜挾入麵包。

＊**糖醋芡汁**　將各50ml的醋、砂糖、番茄醬與用1大匙水對1小匙太白粉的太白粉水倒入小鍋調和，再加熱至芡汁出現濃稠度為止。

LESSON 1-⑦
香炒春季高麗菜德國油煎香腸麵包

經典三明治類型
法則B-1 ×【德國油煎香腸麵包】變化版
＋α要素　f.春季高麗菜【熱炒（切成粗塊）】

MEMO
黑胡椒辣味鮮明的香腸搭配炒過的高麗菜，就成了這道組合單純的熱狗麵包。香料與黃芥末醬帶來的刺激將徹底勾勒出春季高麗菜的清甜。

材料　1組量
小圓麵包（50g）……1個
奶油（無鹽）……4g
黑胡椒香腸（90g）……1根
黃芥末醬……5g
春季高麗菜（熱炒）……15g

製作方法
1.在小圓麵包的正上方切出一道刀口，並在剖面塗上奶油。
2.香腸煎熟後挾入麵包，淋上黃芥末醬再鋪上春季高麗菜。

將當令食材當成主軸
當令食材的三明治 II

POINT
● 以「當令食材」呈現菜單的季節性。
● 以味道極富個性的「當令食材」作為主軸。
● 替換經典三明治的部分食材，順理成章地誘出美味。

STEP 1　選擇食材

選擇作為主軸的「當令食材」。
個性鮮明的當令食材很適合當作重點食材使用。即便是與麵包不太搭的日式食材，也能透過精心設計的組合取得完美平衡。

a.油菜花
十字花科的黃綠色蔬菜。隱約的苦味意喻著春天來臨。

b. 蜂斗菜薹
春季的代表山蔬之一，擁有獨特的香氣與苦味。

c.新洋蔥
辣味緩和、甜味明顯，非常適合生食。

d.春季牛蒡
澀味清淡、香氣盎然。口感柔軟，光是放在熱水煮一下就非常美味。

STEP 2　食材的使用方式

將「當令食材」組合成美味菜色。
以簡單的料理方式活用食材馨香。

鹽漬櫻花
脫鹽後，與蜂蜜調和，就能與起司或生火腿搭配。

款冬味噌
擁有蜂斗菜薹的淡淡苦味與味噌的風味，與麵包非常對味。

醃漬新洋蔥
即便只是基本的醃漬，也能利用新洋蔥做出更為清爽的滋味。

新洋蔥淋醬
拌有新洋蔥泥的淋醬與春季牛蒡非常合拍。

STEP 3　重組菜單

在經典菜單加入當令食材，組成春季菜單。

①棍子三明治　　　　　+　a.油菜花【+鹽漬櫻花】
②德國油煎香腸麵包　+　b.蜂斗菜薹【→款冬味噌】
③茶點三明治　　　　　+　c.新洋蔥【→醃漬】
④BLT　　　　　　　　　+　d.春季牛蒡【+新洋蔥淋醬】

LESSON 2-①
油菜花鹽漬櫻花生火腿的棍子三明治

經典三明治類型
法則A ×【棍子三明治】變化版
+α要素 a.油菜花【+鹽漬櫻花】

MEMO
這道三明治的重點在於將脫鹽的鹽漬櫻花與蜂蜜
調和。些微的鹽味與蜂蜜的甜味與生火腿以及奶
油起司十分搭配。用來替鹽漬櫻花脫鹽的熱水也
可用來汆煮油菜花，如此一來整道三明治將散發
著櫻花的香氣。
大量塗在棍子麵包的奶油起司可綜合每種食材的
個性，調出絕妙而平衡的滋味。

材料　1組量
棍子麵包……1/4根
生火腿……1片
油菜花……10g
奶油起司……15g
鹽漬櫻花……3朵
蜂蜜……1小匙

製作方法
1.煮一大鍋熱水，將鹽漬櫻花放入水中煮1分鐘，再撈
　出來放至冷水降溫。煮過的鹽漬櫻花可用餐巾紙吸
　乾水分，再與蜂蜜調和。
2.將油菜花切成2cm長，再以剛剛汆煮鹽漬櫻花的熱
　水汆煮。撈出來放至冷水降溫後，擠掉多餘水分。
3.將棍子麵包切出刀口，再依序將奶油起司、生火
　腿、油菜花挾入麵包，最後鋪上步驟1的鹽漬櫻花。

款冬味噌熱狗麵包

經典三明治類型

法則B-1 ×【德國油煎香腸麵包】變化版
＋α要素　b.蜂斗菜薹【→款冬味噌】

材料　1組量

熱狗麵包（40g）……1個

奶油（無鹽）……3g

香草香腸（45g）……1根

款冬味噌……10g

黃芥末醬……3g

MEMO

香草香腸的香草香氣與代表日本春天氣息的「蜂斗菜薹」香氣是一種新鮮的組合。款冬味噌的淡淡苦澀以及黃芥末醬那嗆鼻的香氣，共譜出這道印象震撼的日式熱狗麵包。

製作方法

在熱狗麵包的正上方劃出一道切口，並在剖面塗上奶油。香草香腸煎熟後挾入麵包，最後鋪上款冬味噌與黃芥末醬。

LESSON 2-③

醃漬新洋蔥與煙燻鮭魚的
裸麥麵包三明治

經典三明治類型

法則C ×【茶點三明治】變化版

+α要素　c.新洋蔥【→醃漬】

MEMO

醃漬新洋蔥與檸檬奶油香氣可勾出鮭魚的美味。

材料　1組量

裸麥吐司（10mm切片）……2片

檸檬奶油（參照215頁）……2g

煙燻鮭魚……30g

醃漬新洋蔥＊……12g

生菜……6g

酸豆……3顆

製作方法

1.在裸麥吐司的單面塗上檸檬奶油。

2.依序將煙燻鮭魚、切碎的酸豆、醃漬新洋蔥、生菜鋪在步驟1的吐司上。

3.切掉吐司邊，再將吐司分切成3等分。

＊**醃漬新洋蔥**　先以刨片器將新洋蔥刨成薄片，再放入酸醋醬（參照61頁）醃漬，直到完全入味為止。

LESSON 2-④

春季牛蒡沙拉的BLT

經典三明治類型

法則B-2 ×【BLT】變化版

+α要素　d.春季牛蒡【新洋蔥淋醬】

MEMO

這道三明治的重點在於不使用醬汁，只憑春季牛蒡的風味一決勝負。

材料　1組量

雜糧角型吐司（小/15mm切片）……2片

奶油（無鹽）……4g

培根（8mm切片）……1片

番茄（10mm切片）……1片

春季牛蒡沙拉＊……12g

生菜……15g

製作方法

1.將培根切成兩半後煎熟，再以餐巾紙吸除多餘油脂。稍微烤過雜糧角型吐司後，在單面塗上奶油。

2.依序將培根、番茄、春季牛蒡沙拉、摺成小體積的生菜鋪在吐司上，再將另一塊吐司蓋上去。切掉吐司邊之後，將吐司對切成兩半。

＊**春季牛蒡沙拉**　在油醋醬（參照61頁）裡加入1/2顆量的新洋蔥泥與1小匙醬油做成新洋蔥淋醬，再與稍微汆燙過的春季牛蒡絲調和。

採用水果
甜點三明治

POINT
- 這裡所指的「水果」可分成新鮮果肉、果醬、乾燥水果這三種類型，本書要將這三種食材的特徵用於不同用途上。

- 「水果」的三明治可透過甜味、酸味、濃醇味的平衡與反差表現美味。

- 鮮奶油與新鮮起司都可適時地發揮效果。

STEP 1　選擇食材

「選擇水果」。

使用水果的甜點系三明治在女性之間極富人氣。
可在露天栽培的新鮮草莓盛產時大量使用，也可將當令水果製作成果醬再使用，或是使用濃縮了水果甜味的乾燥水果也都能締造不錯的效果。

a.草莓
大量使用當令的草莓。

b.甘夏蜜柑
柑橘類的水果不僅可選用新鮮果肉，連果醬與果皮都能當成食材。

c.乾燥水果
可直接使用，或是糖漬之後再使用。

STEP 2　擬定食材的組合

「水果」與奶油、新鮮起司的組合。

鮮奶油
可突顯新鮮水果的香氣。

卡士達醬
與鮮奶油搭配將使味道更為豐富。

奶油起司
與果醬非常對味。

馬斯卡邦起司
甜美的甜味與各種食材都易搭配。

STEP 3　重組菜單

在經典菜單加入「水果」與奶油、起司，組出全新的菜單。

①水果三明治　+　a.草莓【新鮮果肉】　　　　　　　　+鮮奶油&卡士達醬
②棍子三明治　+　b.甘夏蜜柑【新鮮果肉、果醬、果皮】　+奶油起司
③水果三明治　+　c.乾燥水果【紅酒糖漬】　　　　　　+馬斯卡邦起司

LESSON 3-①
整顆草莓的甜點三明治

經典三明治類型
法則B-2 ×【水果三明治】變化版
＋α要素　a.草莓【新鮮】

MEMO
鮮奶油、草莓、膨鬆的吐司三者共譜簡樸組合之餘，加上卡士達醬就更形奢華。
這道三明治的重點在於排列草莓的同時，預先擬定下刀切開的位置，才能切出整齊美麗的剖面圖案。

材料　1組量
角型吐司（12mm切片）……2片
鮮奶油（在奶油加入10%的細砂糖再打發的鮮奶油）……40g
草莓……9顆
卡士達醬＊……20g

製作方法
1. 先在一片角型吐司表面塗上滿滿鮮奶油，再將草莓鋪上去。另一片吐司塗滿卡士達醬之後，再蓋到剛剛那片吐司上。
2. 在三明治外層包上保鮮膜後，以砧板這類表面平坦的物品當作重物壓在吐司上方，讓奶油填滿草莓與草莓之間的空隙。將三明治放入冰箱冷藏，讓奶油凝固後，拿出來，切掉吐司邊，再視個人喜好分切成小塊。

＊**卡士達醬**　將300g的牛奶、1/3根的香草豆莢倒入鍋中加熱。在盆子裡倒入3顆蛋黃與80g細砂糖，攪拌至變成白色為止。將15g的麵粉與15g的玉米粉撒入盆子裡攪拌均勻。待牛奶煮沸後，將香草豆莢取出，再將牛奶一邊攪拌倒入盆子裡，待整體攪拌均勻再倒回鍋子裡。開火加熱鍋子裡的牛奶，同時以打蛋器攪拌至出現濃稠度為止。將鍋裡食材倒至淺盆子裡。鋪平後，在淺盆子開口處密封一層保鮮膜，等待卡士達醬冷卻。

甘夏蜜柑與奶油起司的核桃麵包三明治

經典三明治類型

法則B-1 ×【棍子三明治】【水果三明治】變化版
+α要素　b.甘夏蜜柑【+新鮮果肉、果醬、果皮】

𝑀ℰ𝑀𝒪
這道三明治的重點在於利用甘夏蜜柑的新鮮果
肉、果醬與果皮組合出富有層次的滋味。大量的
奶油起司能誘出爽朗的香氣，而核桃麵包的乾香
味與口感也將成為美好的重點滋味。

材料　1組量
核桃法國麵包（55g）……1個
奶油起司……30g
甘夏蜜柑果醬（拌入奶油起司用）……10g
甘夏蜜柑果醬（點綴用）……5g
甘夏蜜柑（新鮮果肉、剝去外皮的種類）……4瓣
糖漬甘夏蜜柑果皮＊……5g

製作方法
1. 從核桃法國麵包側邊斜切出一道刀口。
2. 將奶油起司與甘夏蜜柑果醬調勻的醬料，塗在麵
包下方的剖面，再鋪上點綴用的甘夏蜜柑果醬，
然後挾入甘夏蜜柑的新鮮果肉與糖漬甘夏蜜柑果皮。

＊糖漬甘夏蜜柑果皮　將甘夏蜜柑的橙色外皮切成薄片
後，放入熱水煮一下，再撈出來切成絲。將切成絲的果
皮、細砂糖、少量的水倒入小鍋子裡，以小火加熱至果
皮變得透明為止。

LESSON 3-③
馬斯卡邦起司與乾燥水果的法式布里歐修三明治

經典三明治類型

法則B-2 ×【水果三明治】變化版

＋α要素　c.乾燥水果【紅酒糖漬】

MEMO

在擁有豐富味道的南泰爾布里歐修挾入口感綿滑的馬斯卡邦起司、紅酒與蜂蜜燉煮的乾燥水果，與生火腿可說是絕配。這是一道適合搭配紅酒一同享用，且稍具成熟滋味的水果三明治。

材料　1組量

南泰爾布里歐修（12mm切片）……2片
芝麻菜……2g
生火腿……1片
紅酒糖漬乾燥水果＊……30g
馬斯卡邦起司……25g

製作方法

1. 在一片南泰爾布里歐修表面塗上極薄的馬斯卡邦起司，再鋪上芝麻菜、生火腿與紅酒糖漬乾燥水果。
2. 將剩下的馬斯卡邦起司塗在另一片麵包表面，蓋在步驟1的麵包之後，切掉麵包邊再對切成兩半。

＊**紅酒糖漬乾燥水果**　乾燥無花果、乾燥杏桃、葡萄乾、綠葡萄乾、乾燥蔓越莓、乾燥藍莓拌成100g的量，與200g的紅酒、50g的水、50g的蜂蜜一同倒入鍋裡加熱。煮至沸騰後，轉成小火繼續煮10分鐘。關火後，靜置待涼。可視個人喜好另外加入肉桂、丁香與八角這類香料。

設計戶外菜色
野餐三明治

POINT
● 從季節活動與食用場合設定主題。

● 依照主題、場合設計滋味、大小、包裝,組成更具體的菜單。

● 本書以「野餐」為主題設計可在戶外享用的菜單。

STEP 1 設定食用場合

以「野餐」為主題

天氣變得暖和,就多了許多到戶外享用三明治的機會。賞花的時候可以吃,也能坐在公園的長板凳上一嚐美味。

而在這些場合裡享用的重點在於「方便入口」。

讓我們一起設計出在少了桌子的場所也能隨性享用的包裝、大小,設計出具有大自然特色的野餐三明治。

STEP 2 決定包裝

a.再生紙盒與蠟紙
再生紙盒可與蠟紙搭配使用。

C.OPP袋與塑膠緞帶
透明度較高的OPP袋可讓三明治看起來更美味。個別包裝的三明治很適合在戶外享用。

b.竹編便當餐盒
令人懷念的日式便當餐盒與日式三明治特別對味。可用來裝郊遊三明治。

d.手持竹編野餐籃
將棍子麵包、肉醬、醋漬食品、起司一口氣放進去,打造出專屬自己的法式野餐籃。

STEP 3 重組菜單

利用個別的主題與包裝
組成不同的菜單

①兩人份野餐三明治　　　　　＋　a.再生紙盒與蠟紙
②賞花專用重量級三明治　　　＋　b.竹編便當餐盒
③團體可一同享用的郊遊三明治　＋　c.OPP袋與塑膠緞帶
④可搭配紅酒的野餐三明治　　＋　d.野餐籃

LESSON 4-①
野餐盒三明治

＋α要素
法則C ×【兩人份的野餐三明治】

MEMO
這是一道填滿吐司三明治與短棍法國麵包沙拉三明治的野餐盒三明治，藏在其中的味道令人感到十分懷念。這款食材滿載、形狀卻仍保持完整的三明治，特別適合拿到戶外吃，而且也很方便。而且這種可順手拿著吃的體積除了適合準備成兩人份，也很適合多準備幾個，當成團體用餐時的前菜使用。可直接放入OPP袋裡包裝。

① 軟系莎樂美腸沙拉三明治
短棍法國麵包、奶油（無鹽）、紅葉萵苣、萵苣、顆粒黃芥末美乃滋醬、番茄、香辣軟系莎樂美腸

② 蛋沙拉雞肉三明治
角型吐司（12mm切片）、奶油（無鹽）、蛋沙拉、煙燻雞肉、萵苣

③ 毛豆鮪魚三明治
角型吐司（12mm切片）、奶油（無鹽）、鮪魚沙拉、毛豆、萵苣

④ 奶油起司橘子醬三明治捲
角型吐司（12mm切片）、奶油起司、橘子醬

⑤ 照燒雞肉蔬菜絲三明治捲
南瓜角型吐司（12mm切片）、奶油（無鹽）、醬油美奶滋、小黃瓜（切絲）、胡蘿蔔（切絲）

＊三明治捲的製作方法　在切掉吐司邊的12mm厚角型吐司表面抹上奶油與奶油起司，再放在保鮮膜上面。將食材鋪在距離吐司邊緣稍微內側的位置，再連同保鮮膜一同像捲壽司一樣，將吐司捲成一捲。最後將位於邊緣的保鮮膜像捲糖果紙一樣捲緊，再以斜刀切成兩半。

LESSON4-②
綜合炸豬排三明治

MEMO
重量級炸物三明治齊聚一堂的超豪華野餐盒，最適合賞花的時候準備，吃的時候，就像是在吃某種家常菜或熟食。與各種野餐盒三明治組合之後，用途將更為廣泛。

① 炸腰內肉三明治
角型吐司（15mm切片）、奶油（無鹽）、豬腰內肉、炸豬排醬

② 炸蝦三明治
法國鄉村麵包（15mm厚、切出V型刀口的麵包）、奶油（無鹽）、炸蝦、番茄美乃滋醬、萵苣

③ 炸雞三明治捲
墨西哥餅皮、奶油（無鹽）、萵苣、高麗菜絲、炸雞、塔塔醬

＋α要素
賞花專用重量級三明治

各式各樣的小麵包三明治盒

+α要素

適合團體郊遊的三明治

MEMO

將每個色彩繽紛的小麵包三明治包裝起來填滿盒子。如果選用的是OPP袋，就能清楚地看見裡面的麵包，也很方便在戶外享用。棍子麵包三明治則可改用蠟紙包起來，在包裝上多花點心思，看起來也更有有變化。雖然只是簡單的三明治，多做幾種小巧的類型，就能蘊釀出令人心神愉悅的氛圍。也很適合在家庭派對的時候端上桌喔。

細繩麵包三明治也可用蠟紙包起來。

材料

①小型維也納麵包三明治

小型維也納麵包、奶油（無鹽）、生菜、顆粒黃芥末美乃滋醬、番茄、麻里伯起司（切片）

②迷你佛卡夏三明治

迷你佛卡夏、奶油（無鹽）、生火腿、芝麻菜、半乾燥番茄、黑橄欖、帕瑪森起司

③短棍法國麵包三明治

短棍法國麵包、奶油（無鹽）、紅葉萵苣、香辣軟系莎樂美腸、大蒜蛋黃醬、彩椒

④細繩麵包三明治

細繩麵包、奶油（無鹽）、鄉村火腿、第戎黃芥末醬、酸黃瓜

LESSON5-④
法式野餐盒

+α要素
和紅酒一起享用的野餐組合

MEMO

若是從字典查詢pique-nique的意思，就會發現這個字是由"在野外用餐piquer「（鳥類）啄食餵餌」與日耳曼語源的nique「無聊的小東西」的合成語，是17世紀末新生的詞彙"（『法國飲食百科』）白水社、日法料理協會編纂、2000年）。在風景優美的地方用餐，餐點的滋味將變得格外美味，這個理論從古至今依舊未變。

現代的法國人在準備野餐的餐點時，會選擇方便攜帶的生冷系食材，例如火腿、莎樂美腸、起司、酸黃瓜都屬菜單的主要食材，而其中不可或缺的食材當然是麵包。麵包板、麵包刀、奶油刀都是不能忘記放入野餐盒的工具。而餐盒裡看似未曾精心挑選的食材也都是讓麵包變得更為美味的東西。法式野餐盒可說是究極的自製三明治。

在天暖雲高的週末裡，手邊有這套充滿創意的野餐組合是件美好的事。為了方便享用，可先將棍子麵包切成片，然後將法式肉醬泥、生火腿、卡門貝爾起司、小瓶酸黃瓜組成一整套的野餐，也是非常有趣的組合喔。

材料

棍子麵包、奶油、法式肉醬泥、第戎黃芥末醬、醋漬食材、莎樂美腸、酸黃瓜、卡門貝爾起司

夏
Summer

因為是夏季,所以要找出提振食慾的味道

台灣的夏季異常炎熱,很容易令人食慾不振,因此,午餐時間才會喜歡吃方便入口的涼麵更甚於麵包。此外,夏天也是香料料理大受歡迎的季節。所以才會想到,若是放在冰箱徹底冷藏的三明治與利用香料提味的三明治,能不能在夏季受到歡迎呢?讓我們以「清爽」、「沁涼」、「香辣」這幾個字眼為關鍵字,找出適合炎炎夏天享用的組合吧。

夏季三明治食材

夏　（6月～8月）

蔬菜：小黃瓜、番茄、南瓜、高地生菜、毛豆、青椒、芹
　　　菜、茄子、櫛瓜、苦瓜、大蒜、紫蘇、秋葵、茗荷、
　　　新鮮生薑、玉米 etc.

水果：杏子、梅子、西瓜、葡萄、哈密瓜、桃子、櫻桃 etc.

＊番茄、小黃瓜、生菜這類食材不僅做成沙拉好吃，也能加強身體的
　散熱能力。為了避免夏季疲勞症候群發生，才採用了露天栽培的當
　令蔬菜。

設計沁涼的美味組合
沙拉三明治

POINT
- ●經典的組合也能在顧慮氣候的變化之下，呈現充滿季節感的滋味。

- ●因為是盛夏，所以才設計「爽朗清淡且沁涼入心的菜色」，因為是嚴冬，所以設計「濃郁溫暖的食物」，以這種簡單的思維設計菜單即可。

STEP 1 ## 挑選食材

從「冰涼美味」這點開始發想，設計出 沙拉系的三明治

挑選冰涼美味的食材。

夏天雖然是麵包銷路不佳的季節，但清爽系的三明治在此時可是大受歡迎喔。讓我們一起設計在徹底冰鎮後，美味倍增的沙拉系三明治吧。

 +

美乃滋
讓麵包與各種食材融為一體的經典醬汁，沙拉三明治絕少不了它。

STEP 2 ## 食材的使用方法

利用勾出「沙拉」潛藏美味的「重點食材」，增添夏季受人喜愛的滋味。

a.清涼感
柔和的香氣與清涼感若非新鮮香草不能營造。只使用一種香草很棒，一次使用多種香草的組合也不賴。

紫蘇

義大利巴西里、蝦夷蔥、蒔蘿

b.酸味
蘊藏清爽酸味的調味料與食材能徹底誘發蔬菜美味。

 油醋醬

檸檬

梅子泥　　奶油起司

c.辛辣味
刺激的辛辣味能為料理創造重點，也能刺激食慾。

山葵　　顆粒黃芥末醬

大蒜蛋黃醬　　黑胡椒

STEP 3 ## 重組菜單

利用「沙拉」、「麵包」、「重點食材」組出新菜單。

沙拉	麵包	重點食材
①和風沙拉 ＋	角型吐司 ＋	a.清涼感【紫蘇】b.酸味【梅子泥】
②胡蘿蔔沙拉 ＋	拖鞋麵包 ＋	b.酸味【油醋醬、奶油起司】 c.辣味【大蒜蛋黃醬】
③鮭魚沙拉 ＋	雜糧麵包 ＋	a.清涼感【義大利巴西里、蝦夷蔥、蒔蘿】 b.酸味【檸檬】
④青菜沙拉 ＋	可頌 ＋	c.辣味【山葵、顆粒黃芥末醬】
⑤凱撒沙拉 ＋	粗粒全麥山型吐司 ＋	b.酸味【檸檬】 c.辣味【黑胡椒】

LESSON 5-①

以梅子、紫蘇、芝麻增香的和風沙拉三明治

經典三明治類型

法則C ×【BLT】【茶點三明治】變化版

+α要素　和風沙拉+a.清涼感【紫蘇】b.酸味【梅子泥】

MEMO

紫蘇的香氣與梅子的酸味與麵包非常對味。是一道透過日式風味營造新鮮沙拉風味的三明治。

材料　2組量

角型吐司（12mm切片）……4片

奶油（無鹽）……9g

萵苣……8g

紫蘇梅&鄉村火腿

┌ 紫蘇……1瓣

│ 鄉村火腿……1片

│ 白髮蔥……4g

└ 梅子泥……2g

和風番茄沙拉

┌ 番茄（10mm切片）……1片

│ 醬油美乃滋……10g

│ 日本蕪菁……15g

└ 研磨芝麻……1大匙

製作方法

1. 從紫蘇梅&鄉村火腿三明治開始製作。在一片角型吐司的單面塗上奶油，另一片則塗上梅子泥。

2. 在塗了奶油的吐司表面依序鋪上紫蘇、萵苣、鄉村火腿與白髮蔥，接著再蓋上塗了梅子泥的吐司。

3. 接著製作和風番茄沙拉三明治。在角型吐司的單面塗上奶油，再依序鋪上萵苣與番茄，接著在番茄表面淋上醬油美乃滋。

4. 接著鋪一層研磨芝麻後，鋪上依照吐司長度綁成一束的日本蕪菁，再蓋上另一片吐司。

5. 將步驟2與步驟4的吐司重疊，切掉吐司邊，再分切成3等分。

胡蘿蔔沙拉生火腿奶油起司拖鞋麵包三明治

經典三明治類型

法則B-1 ×【帕尼諾】變化版
+α要素　胡蘿蔔沙拉＋b.酸味【油醋醬、奶油沙拉】
c.辣味【大蒜蛋黃醬】

MEMO

這是一道在生火腿與芝麻菜的經典帕尼諾裡，挾入
法國經典家常菜「胡蘿蔔沙拉」與奶油起司調成的
清爽系沙拉三明治。大蒜風味十足的大蒜蛋黃醬是
這道三明治的重點滋味，也是喚醒食慾的關鍵。

材料　1組量

拖鞋麵包……1個

初榨橄欖油……5g

奶油起司片……15g

生火腿……1片

胡蘿蔔沙拉＊……15g

芝麻菜……2g

大蒜蛋黃醬……2g

製作方法

1.將拖鞋麵包切成上下兩半，並在剖面淋上初榨橄
　欖油。

2.在下層的麵包依序鋪上奶油起司片、生火腿、胡
　蘿蔔沙拉、芝麻菜。在上層麵包的剖面塗上大蒜
　蛋黃醬之後，蓋在下層的麵包上。

＊**胡蘿蔔沙拉**　以起司刨絲器將胡蘿蔔最粗的部分磨成
　泥或刨成絲，再拌入基本的油醋醬（參照61頁）。

LESSON 5-③
油漬鮭魚酪梨沙拉三明治

經典三明治類型
法則B-1 ×【法國尼斯三明治】變化版
+α要素　a.清涼感【義大利巴西里、蝦夷蔥、蒔蘿】
　　　　b.酸味【檸檬】

ME MO
這道三明治大量使用了由女性最愛的酪梨調成的鮭魚沙拉。透過香草增香的美乃滋與檸檬的酸味交織出清爽滋味。請徹底冷藏之後再大快朵頤吧。

材料　1組量
雜糧麵包
（半圓筒形／12mm厚，切有V字型刀口）……1片
奶油（無鹽）……4g
萵苣……4g
紅葉萵苣……4g
煙燻鮭魚……18g
酪梨……1/4顆
檸檬汁……適量
鹽、白胡椒……適量
香草美乃滋（參照75頁）……8g
油漬洋蔥＊……8g

製作方法
1.在切成片狀的酪梨均勻淋上檸檬汁，接著撒點鹽與白胡椒醃漬。
2.在雜糧麵包的剖面塗上奶油後，依序鋪上萵苣、紅葉萵苣、煙燻鮭魚與酪梨，接著在酪梨上方塗一層香草美乃滋，再將油漬洋蔥鋪在上層。

＊**油漬洋蔥**　以切片器將洋蔥切成薄片後，拌入基本的油醋醬（參照61頁）。

兩種可頌沙拉三明治

經典三明治類型
法則B-1 ×【法國尼斯三明治】變化版
＋α要素　c.辣味【山葵、顆粒黃芥末醬】

MEMO
份量十足且外觀華麗的可頌沙拉三明治。可頌
的賣點在於現烤的酥鬆口感，與蔬菜搭配之後
更是魅力十足。徹底冷藏再吃，將使沙拉的新
鮮感倍增。

材料　1組量
五香煙燻牛肉與洋蔥沙拉
可頌（50g）……1個
奶油（無鹽）……4g
萵苣……5g
紅葉萵苣……5g
五香煙燻牛肉……25g
山葵美乃滋（參照229頁）……8g
洋蔥片……8g
黑橄欖……2g

香辣莎樂美腸與沙拉
可頌（50g）……1個
番茄奶油（參照215頁）……6g
萵苣……5g
紅葉萵苣……5g
香辣莎樂美腸……3片
顆粒黃芥末醬美乃滋（參照229頁）……8g
彩椒片……7g

製作方法
1.從可頌側邊切一道刀口，於剖面塗上奶油。
2.依上述食材列舉的順序，一一將食材挾入可頌裡。

LESSON 5-⑤
紅椒粉雞肉凱撒沙拉三明治

經典三明治類型
法則B-2 ×【BLT】變化版
＋α要素　b.酸味【檸檬】
　　　　　c.辣味【黑胡椒】

MEMO
蘿蔓萵苣在經過徹底冷藏後，口感將更為清脆。
凱撒沙拉醬的檸檬酸味與黑胡椒的香氣都能有效
刺激食慾。若是能現場製作，在熱騰騰的麵包裡
挾入冰沁入心的沙拉，就能嚐得到來自溫度落差
的樂趣。

材料　1組量
粗粒全麥山型吐司（15mm切片）……2片
奶油（無鹽）……6g
蘿蔓萵苣……15g
凱撒沙拉醬（參照70頁）……7g
帕瑪森起司（粉狀）……4g
彩椒（紅、黃、切成7mm寬條狀）……10g
紅椒粉雞肉（切片）……25g

製作方法
1.在稍微烤過的粗粒全麥山型吐司單面塗上奶油。
2.在塗有奶油的那面鋪上紅椒粉雞肉，再以交叉的
　方式輪流鋪上紅椒與黃椒。淋上凱撒沙拉醬之
　後，再鋪上帕瑪森起司粉。
3.將蘿蔓萵苣的四個邊緣往中間摺疊後，鋪在剛剛
　淋了凱撒沙拉醬的食材上層，再壓上另一片吐司
　做成三明治。將吐司底邊的吐司邊切掉後，再將
　三明治分切成3等分。

活用香料與香草的個性
異國風三明治

STEP 1 ## 選擇香料與香草

香料
香料的辛香味能有效刺激食
慾。黑胡椒、大蒜、咖哩粉、
辣椒都是夏季的推薦香料。

蒜味香腸 / 香草香腸
光是使用充滿香料與香草風味
的香腸，就足以替三明治營造
特徵。

香草
大量使用香草可突顯清新感。
薄荷、香菜這類香氣強烈的組
合能勾勒出具有個性的美味。

STEP 2 ## 選擇搭配的食材

根據異國風料理選擇食材。

a.墨西哥醬（參照93頁）
以墨西哥綠辣椒醬與香菜作
為重點調味的沙拉風新鮮番
茄醬。

b. 墨西哥酪梨沙拉醬（參照94頁）
充滿萊姆香氣的酪梨沾醬。讓香菜的
香氣跳出來也很美味。

c.韓式辣椒醬
韓國的辣椒味噌。辣味與甜味
十分均衡，也與肉類料理、蔬
菜料理對味。

印度烤雞
使用以香料與優酪
調味的現成製品會
比較輕鬆。

d.優酪
中東與南亞將優酪當成調味
料，應用於各種料理之中。

STEP 3 ## 設計菜單

在經典菜單加入「異國風食材」，設計出新菜單。

①墨西哥捲餅　＋　【香草香腸】　×　a.墨西哥醬
②德國小圓麵包　＋　【蒜味香腸】　×　b.墨西哥酪梨沙拉醬
③茶點三明治　＋　【咖哩美乃滋】　×　d.優酪（印度烤雞）
④越南三明治　＋　【大蒜】　×　c.韓式辣椒醬
⑤中東蔬菜球　＋　【薄荷、大蒜】　×　d.優酪

LESSON 6-①
以香草香腸製成的沙拉風口袋麵包熱狗

經典三明治類型
法則B-1 ×【墨西哥捲餅】變化版
＋α要素 【香草香腸】×a.墨西哥醬

MEMO
小巧可愛的口袋麵包能仿照墨西哥捲餅的方式，
將所有食材全包在一起。將所有食材輕巧地捲
成一捲後，就很方便一口咬下。擁有羅勒、牛膝
草、奧勒岡香氣的香腸搭配墨西哥醬，就成為這
道可口的沙拉風料理。

材料　1組量
口袋麵包（80g）……1個
奶油（無鹽）……3g
萵苣……4g
紅葉萵苣……4g
香草香腸（45g）……1根
番茄醬……7g
墨西哥醬（參照93頁）……10g

製作方法
1.在口袋麵包包食材的內側塗上奶油。
2.將萵苣與紅葉萵苣鋪在步驟1的口袋麵包內側，
　再將煎熟的香草香腸鋪在上頭。最後依序在香
　腸表面淋上番茄醬與墨西哥醬。

LESSON 6-②
墨西哥酪梨沙拉醬&
蒜味香腸熱狗麵包

經典三明治類型

法則b-1 ×【德國油煎香腸麵包】變化版

＋α要素　【蒜味香腸】×b.墨西哥酪梨沙拉醬

MEMO

味道豐厚的蒜味香腸搭配墨西哥酪梨沙拉醬與
葉菜類蔬菜，將更有沙拉的感覺。
可讓肉汁豐富的香腸變得更清爽美味。

材料　1組量

德國小圓麵包（45g）……1個

奶油……3g

萵苣……3g

紅葉萵苣……3g

蒜味香腸（40g）……1根

墨西哥酪梨沙拉醬（參照94頁）……15g

製作方法

1. 在德國小圓麵包的正上方劃一道刀口，並在剖
   面抹上奶油。
2. 依序挾入萵苣、紅葉萵苣、煎熟的蒜味香腸
   後，在香腸上鋪一球墨西哥酪梨沙拉醬。

LESSON 6-③
印度烤雞&酪梨與小黃瓜&
起司的三明治

經典三明治類型
法則C ×【茶點三明治】變化版
+α要素　【咖哩美乃滋】×d.優酪（印度烤雞）

MEMO
香辣的雞肉與鬆軟香甜的南瓜非常對味。與小黃
瓜起司三明治搭配之後，更能達到烘托彼此特性
的效果，稱得上是一組平衡而絕妙的組合。

材料　1組量
印度烤雞與南瓜三明治
粗粒全麥吐司（12mm切片）……2片
奶油（無鹽）……8g
南瓜（切片後清炸）……45g
咖哩美乃滋＊……6g
印度烤雞……35g

＊**咖哩美乃滋**　將1小匙咖哩粉拌入100g的美乃滋。

小黃瓜與起司三明治
粗粒全麥吐司（12mm切片）……2片
奶油（無鹽）……8g
麻里伯起司（切片）……35g
美乃滋……6g
小黃瓜（切片）……40g

製作方法
1. 在粗粒全麥吐司的單面抹上奶油，另一面則鋪
   排南瓜。在南瓜上層擠一些咖哩美乃滋之後，
   鋪上印度烤雞，再蓋上另一片吐司。
2. 而另一組三明治也先在吐司表面抹上奶油，然
   後在一片吐司的表面鋪上麻里伯起司，接著在
   起司表面抹上美乃滋，再將小黃瓜排在美乃滋
   上方，最後蓋上另一片吐司。
3. 將兩組吐司疊在一起，切掉吐司邊，再分切成
   兩組。

韓式燒肉與韓式拌菜的三明治

-④

經典三明治類型

法則B-1 ×【越南三明治】變化版

＋α要素　【大蒜】×C.韓式辣椒醬

memo

這是從越南三明治聯想到的韓式燒肉三明治。經過徹底醃漬入味的燒肉與韓式辣椒醬的辣味都能喚醒食慾。散發著清爽麻油香氣的韓式拌菜也與燒肉取得美味平衡。

材料　1組量
柔軟系法國麵包……1個
奶油（無鹽）……6g
韓式辣椒醬……3g
拔葉萵苣……5g
韓式燒肉＊……40g
三色韓式拌菜＊＊……25g

製作方法

1.在柔軟系的法國麵包側邊劃一道刀口，於剖面抹上奶油後，在上方剖面另外抹一層韓式辣椒醬。

2.依序挾入拔葉萵苣、韓式燒肉與三色韓式拌菜。

＊**韓式燒肉**　將300g牛肉放入醃漬醬汁［由1大匙醬油、1小匙砂糖、1大匙白蔥（蔥花）、1片大蒜（蒜泥）、1大匙麻油調製］，待醃漬入味後煎熟即可。

＊＊**三色韓式拌菜**　將一把菠菜放入鹽水汆熟後，切成3cm的長度，接著將1整根胡蘿蔔切成3cm的細絲，再將一整包的豆芽菜拔掉鬚根，然後分別將上述兩種食材放入鹽水汆燙，再放至冷水降溫。調勻韓式拌菜醬的材料（3大匙水、3大匙麻油、1大匙研磨白芝麻）後，將韓式拌菜醬擠一點在剛剛切好的菠菜上，再讓菠菜與韓式拌菜醬拌勻。

LESSON 6-⑤

煙燻雞肉與小黃瓜的希臘風沙拉口袋麵包三明治

經典三明治類型

法則B-1 ×【中東蔬菜球】變化版

＋α要素　【薄荷、大蒜】×d.優酪

MEMO

這是從希臘風沙拉「Tzatziki」聯想而來的沙拉與煙燻雞肉搭配而成的夏季滋味。重點在於先讓優酪脫水。

材料　1組量

口袋麵包……1/2個

奶油（無鹽）……3g

萵苣……4g

紅葉萵苣……4g

煙燻雞肉（切片）……25g

小黃瓜與優酪沙拉＊……30g

小番茄……2顆

製作方法

1. 將口袋麵包攤開後，在內側抹上奶油。

2. 依序放入萵苣、紅葉萵苣、煙燻雞肉，再將小黃瓜與優酪的沙拉、切成兩半的小番茄放進去。

＊**小黃瓜與優酪的沙拉**　將120g的小黃瓜垂直切成兩半後，刨掉種籽，再斜刀切成4mm厚的薄片。在小黃瓜表面撒一點鹽，靜置一會兒，再以餐巾紙吸除多餘的水分。將40g的優酪（脫水）、3g的蒜泥、3g的薄荷末調勻後，與小黃瓜拌勻，再以鹽與白胡椒調味。

秋
Autumn
從料理與酒品發想的三明治

結實累累的秋季也是食慾之秋。秋天的食材非常豐富，溫暖的食材與味道濃厚的食材也惹人食指大動。據說人們之所以會在秋季食慾大增，全是因為要渡過寒冬而提早準備的本能。希望利用這個季節特有的均衡味道與份量感，想出不禁讓人大喊「好好吃！」的三明治。或許也可以搭配葡萄酒，一起探尋麵包與食材的絕配。當秋意漸濃，三明治的趣味也將漸行漸廣。

秋季的三明治食材

秋 （9月～11月）

蔬菜：馬鈴薯、芋頭、胡蘿蔔、地瓜、洋菇、杏鮑菇、鴻喜
菇、舞茸、香菇、金針菇、松茸、銀杏 etc.

水果：無花果、柿子、梨果、石榴、洋梨、葡萄、蘋果、
酸橘、柚子 etc.

＊日本盛行人工栽植，因而香菇通常个是當季的產物。不過香菇是
一種能充分表現秋季味覺的蔬菜，所以秋季的產量也較為增加。

＊秋天也是水果鮮美的季節。無花果、蘋果、洋梨可與起司、生火
腿搭配。

LESSON7　提供現烤三明治
熱三明治

LESSON8　從搭配麵包的料理發想
美食三明治

LESSON9　思考搭配紅酒的組合
使用正統食材的精緻三明治

提供現烤三明治
熱三明治

POINT

- 簡單地將透過現烤方式增添風味與香氣的食材組合起來。

- 融化的起司、醬汁、麵包的焦香與酥脆的口感都是美味的重點。

- 直接送進烤箱或是用熱壓三明治烘烤,將創造截然不同的口感與滋味。

STEP 1　選擇食材

選擇加熱後變得更好吃的食材
隨著氣溫下降,溫暖而味道濃郁的食材也越來越受歡迎。可依照想像中的味道選擇不同種起司或醬汁搭配。

a.起司
加熱後的起司會融化,香氣也會大增,是熱三明治絕不可缺少的食材。

b.白醬
與起司搭配,將創造更為馥郁的滋味。

c.香蒜奶油
一塗在麵包表面,立刻散發大蒜與巴西里的香氣。

d.香菇
增添秋意的香菇一經烘烤,美味也將倍增。

STEP 2　選擇烘烤方式

烤箱還是熱壓機?選擇不同的烘烤方式

烤箱
將食材挾入麵包,並在食材上層鋪上起司或醬汁,然後直接放入烤麵包機烘烤。不需要講究食材與麵包的種類。

熱壓機
以帕尼尼熱壓器烘烤後,麵包與食材的份量將被壓縮,而三明治也將變得體積輕薄與口感酥香,讓人可以輕鬆地一口咬下。

STEP 3　重組菜單

在經典的食譜裡加入「加熱後變得美味的食材」以及「選擇不同的烘烤方式」,搭配出重新的菜單。

①火腿起司三明治　＋ a.起司、b.白醬　　　　　×【烘烤】
②帕尼諾　　　　　＋ a.起司、b.白醬、d.香菇　×【熱壓】
③法式麵包片　　　＋ c.香蒜奶油、d.香菇　　×【熱壓】
④帕尼諾　　　　　＋ a.起司　　　　　　　　×【烘烤】

LESSON 7-①
普羅旺斯燉菜佐肉醬之千層麵風味火腿起司三明治

經典三明治類型
法則B-2 ×【火腿起司三明治】變化版
＋α要素　a.起司、b.白醬×【烘烤】

MEMO

這道三明治的重點在於普羅旺斯燉菜與番茄奶油，是一道類似焗烤料理的火腿起司三明治。肉醬搭配白醬，就交織出千層麵的獨特風味。

材料　1組量

粗粒全麥吐司（15mm切片）……2片
番茄奶油（參照215頁）……12g
普羅旺斯燉菜（參照63頁）……15g
肉醬……15g
白醬（參照226頁）……15g
起司絲（可依個人口味選擇，例如格律耶爾起司或艾曼塔起司）……20g

製作方法

1. 稍微烤過粗粒全麥吐司後，其中一片在單面塗上番茄奶油，另一片則兩面都塗上。
2. 將普羅旺斯燉菜、肉醬、半量的白醬、1/4量的起司鋪在單面塗有奶油的吐司上，接著蓋上另一片吐司。接著在吐司上層抹上剩下的白醬，再鋪上剩下的起司。
3. 將步驟2的吐司送進烤箱，烤到上層的起司融化、吐司表面變得金黃後，再分切成小塊的三明治。

香菇奶油與香烤雞肉的帕尼諾

經典三明治類型
法則B-1 ×【帕尼諾】變化版
＋α要素　a.起司、b.白醬、d.香菇 ×【熱壓】

MEMO
濃縮了融化的起司與香菇鮮甜的醬汁，與香烤雞肉可
是絕配。
烤得焦香的佛卡夏非常酥香，也非常容易入口喔。

材料　1組量
佛卡夏（10×10cm）……1塊
奶油（無鹽）……6g
香烤雞肉（切片／參照75頁）……30g
香菇醬汁＊……30g
起司絲（可依個人口味選擇，例如格律耶爾起司或艾
曼塔起司）……10g

製作方法
1.從側邊將佛卡夏切成兩半，並在剖面抹上奶油。
2.將香烤雞肉、香菇醬汁、起司絲挾入步驟1的佛卡
　夏，再放入帕尼尼熱壓機烘烤。

＊**香菇醬汁**　先將洋菇、杏鮑菇、鴻喜菇、香菇（各1
包）的蕈根摘除，並分切成小段。將15g的奶油（無
鹽）放入平底鍋加熱融化後，以大火翻炒剛剛切好的
香菇，再以鹽與白胡椒調味。加入100g的白醬（參照
226頁）後，加熱煮至沸騰，再摻入粗研磨的黑胡椒
增香。

LESSON 7-③
洋菇與香蒜奶油的法式麵包片

MEMO

鋪上切成片的洋菇，再送入帕尼尼熱壓機烘烤的超簡樸法式麵包片。

在酥鬆的口感之後，香蒜奶油的香味與洋菇的甜味瞬間溢滿整個口腔。

材料　1組量
法國鄉村麵包（12mm切片）……1片
香蒜奶油（參照215頁）……7g
洋菇（大朵）……2朵

製作方法
1.在法國鄉村麵包表面塗抹香蒜奶油。
2.將切成5等分片狀的洋菇，鋪在步驟1的法國鄉村麵包表面，再送入帕尼尼熱壓機烤至金黃即可。

經典三明治類型
法則B-1 ×【法式麵包片】變化版
＋α要素　c.香蒜奶油、d.香菇×【熱壓】

LESSON 7-④
英式馬芬的火腿起司三明治

MEMO

這種組合可說是早餐的經典菜色。因為簡單，所以火與起司都得選用優質的品項。

材料　1組量
英式馬芬（70g）……1個
里肌火腿……1片
麻里伯起司（切片）……1片
黑胡椒……適量

製作方法
1.先以叉子將英式馬芬撕成上下兩半。
2.在下半部的馬芬鋪上里肌火腿與麻里伯起司，上半部的馬芬則將剖面朝上，然後與剛剛下半部的馬芬一同送入烤箱，烤到起司融化為止。
3.將馬芬放入盤中，並在起司表面撒點粗研磨的黑胡椒，再將上半部的馬芬蓋上去。

經典三明治類型
法則B-1 ×【帕尼尼】變化版
＋α要素　a.起司×【烘烤】

從搭配麵包的料理發想
美食三明治

STEP 1　深究主題　　　　　　　　**設計適合食欲之秋的美食三明治。**

三明治常給人一種午餐專用或輕食的印象，但這次要大家一同設計的是足以充當晚餐、料理色彩強烈的三明治。若從歐洲淳樸的地方料理發想，創意就會自然湧現。不妨放眼法國、義大利與西班牙，從這幾個國家尋找搭配了麵包的菜色。

燉煮類料理、沙拉、蛋料理都與麵包非常合拍，也很容易成為三明治的食材。在旅行途中或餐廳吃過的料理或食材，也能幫助我們設計新的三明治。

STEP 2　選擇料理　　　　　　　　**選擇與麵包對味的歐洲地方料理。**

選擇燉煮料理、沙拉、蛋料理這類與麵包對味的料理，進一步設計三明治的內容。

a. 亞爾薩斯地區的法式酸菜豬肉香腸鍋
choucroute à l'alsacienne

將豬肉、培根、香腸、鹽漬高麗菜放入鍋裡徹底燉煮的法國亞爾薩斯地區的火鍋料理。食用時，可在一旁附上大量的黃芥末醬，也可搭配麵包一同食用。

c. 西班牙歐姆蛋
tortilla

大量使用西班牙食材的歐姆蛋「墨西哥薄餅」的最大特徵就是烤成像鬆餅的外形。馬鈴薯、洋蔥、菠菜都是非常經典的食材。

b. 西班牙辣炒番茄甜椒
piperade

這是法國西南部巴斯克地區的家庭料理之一，意思是指由青椒、番茄、洋蔥與大蒜燉煮而成料理。當地民眾通常會在這道料理淋上蛋汁或是在一旁附上生火腿。其中的特產辣椒將成為味道的重點，也與麵包非常相配。

d. 里昂風沙拉
salade lyonnaise

法國里昂地區的沙拉。在綠沙拉鋪上麵包丁、水波蛋與培根。半熟的蛋黃與油醋醬都與麵包丁非常對味。

STEP 3　重組菜單　　　　　　　　**以麵包搭配「歐洲地方料理」的方式設計新菜單。**

①棍子麵包　　　　＋　a. 亞爾薩斯地區的法式酸菜豬肉香腸鍋
②英式馬芬　　　　＋　b. 西班牙辣炒番茄甜椒
③佛卡夏　　　　　＋　c. 西班牙歐姆蛋
④粗粒全麥角型吐司　＋　d. 里昂風沙拉

LESSON 8-①
法式酸菜豬肉香腸三明治

經典三明治類型
法則B-1 ×【棍子麵包三明治】變化版
＋α要素　a.亞爾薩斯地區的法式酸菜豬肉香腸鍋

MEMO
法國亞爾薩斯地區傳統料理「法式酸菜豬肉香腸鍋」的豬肉鮮甜與酸菜的酸味，調和出毫不做作的美味。將熱騰騰的食材挾入短棍麵包之後，附上大量的第戎黃芥末醬再開動吧。

材料　1組量
短棍麵包（在2cm寬的麵包切入V字型刀口）…1片
奶油（無鹽）……5g
第戎黃芥末醬……適量

＊以下是從酸菜豬肉香腸鍋取出的食材，都是要挾入麵包的

　　酸菜……25g
　　胡蘿蔔……5g
　　豬里肌肉（切片）……25g
　　　或是香腸……1/2根
　　培根（切片）……25g

製作方法
1.從短棍麵包側邊切出一道刀口後，在剖面塗抹奶油。
2.酸菜豬肉香腸鍋的食材加熱後挾入麵包，並在一旁附上第戎黃芥末醬。

＊**法式酸菜豬肉香腸鍋**　在500g的豬里肌肉（整塊）表面均勻抹上鹽與白胡椒後，包上保鮮膜再移至冰箱冷藏一晚。燒熱鍋子後，將豬里肌肉的表面煎至變色，再將豬肉移至淺盆子。利用剛剛煎豬肉留下的豬油翻炒1/2顆洋蔥絲、1/2根的胡蘿蔔片以及200g以水稍微沖洗過，並將水分瀝乾的酸白菜。倒入300ml的水、1小匙雞高湯塊（顆粒）、5顆杜松子、1瓣月桂菜、豬里肌肉、200g培根（塊狀），以小火燉煮1小時。

※choucroute在法文是鹽漬高麗菜的意思。與德國的酸菜是相同的東西，同時意指醋漬高麗菜與利用醋漬高麗菜製作的料理。

番茄甜椒班尼迪克蛋

經典三明治類型
法則B-1 ×【班尼迪克蛋】變化版
＋α要素 b.西班牙辣炒番茄甜椒

MEMO
這道三明治主要是在烤得酥香的英式馬芬裡，挾入大量的西班牙辣炒番茄甜椒與西班牙臘腸。這也是一道從班尼迪克蛋得到靈感、適合搭配紅酒一同享用的成熟風美食三明治。

材料　1組量
英式馬芬（70g）……1個
西班牙辣炒番茄甜椒＊……80g
雞蛋……1顆
西班牙臘腸（切片）……2片
巴斯克辣椒粉……適量
鹽、白胡椒……適量

製作方法
1. 先以平底鍋加熱西班牙辣炒番茄甜椒，移到盆子後撥散，再淋入以鹽與白胡椒稍微調味過的蛋液，讓蛋液被加熱成半熟狀。
2. 將從側邊撕成兩半的英式馬芬放入烤箱，稍微烤過後，鋪上步驟1的食材，再鋪上切成5mm寬的西班牙臘腸，接著撒點巴斯克辣椒粉。

＊**西班牙辣炒番茄甜椒**　將紅椒、黃椒、青椒（各1顆）的種籽與內部的白膜刮除，再切成5mm寬的細條。將1顆洋蔥順紋切成薄片，將500g番茄切成小丁。將2片量的大蒜切成末。在平底鍋倒入2大匙的橄欖油與蒜末，再倒入1片量的生火腿碎片，炒至香氣溢出鍋外為止。接著倒入彩椒與洋蔥翻炒，等到洋蔥變得透，再倒入番茄，並以少許的鹽與白胡椒調味，之後一邊倒入2大匙的橄欖油，一邊徹底翻炒食材，等到水分收乾，再撒入些許的巴斯克辣椒粉，最後以鹽與白胡椒調味。

LESSON 8-③
西班牙歐姆蛋三明治

經典三明治類型
法則B-1 ×【帕尼諾】變化版
＋α要素　c.西班牙歐姆蛋

MEMO

配料豐富的西班牙歐姆蛋可依照搭配的食材調整出不同的風味。在基本食材的馬鈴薯、洋蔥與菠菜加上辣味香腸，就能營造出均衡的滋味。也可配合麵包調整食材的體積與份量。

材料　1組量

佛卡夏（60g）⋯⋯1個

橄欖油⋯⋯4g

萵苣⋯⋯5g

西班牙歐姆蛋＊⋯⋯1/3片

酸黃瓜、黑橄欖⋯⋯各1顆

製作方法

1.將佛卡夏切成上下兩半，再於剖面抹上橄欖油。

2.將萵苣、切成兩半的西班牙歐姆蛋疊在步驟1的佛卡夏上，再將另一半的佛卡夏蓋上去。將酸黃瓜與黑橄欖串在點心叉上，再刺在麵包上方。

＊**西班牙歐姆蛋**　將50g的菠菜放入煮沸的鹽水迅速汆燙後，移至冷水降溫，再拿出來擠乾水分，然後切成3cm長。將70g的馬鈴薯切成5mm的厚度，並將30g的洋蔥切成薄片。將橄欖油倒入平底鍋加熱後，放入馬鈴薯與洋蔥，一邊翻炒一邊清炸，再撒點鹽調味。將2顆雞蛋打入盆子裡，以鹽、白胡椒稍微調味，再拌入切成10mm寬的辣香腸片（40g）、菠菜、馬鈴薯與洋蔥。取一只小一點的平底鍋加熱橄欖油，再倒入剛剛拌好的蛋液。煎蛋的一開始請慢慢地攪拌，等到表面稍微凝固後翻面，煎到兩半都變色凝固為止。

LESSON 8-④
里昂風沙拉的熱烤三明治

經典三明治類型
法則B-2 ×【BLT】變化版
＋α要素　d.里昂風沙拉

MEMO

將小巧的麵包丁換成吐司，再將沙拉挾在吐司裡。麵包若是先抹上香蒜奶油再烤，將讓風味更上一層樓。請在半熟的蛋黃與油醋醬滲入烤吐司之後再開動吧。

材料　1組量

粗粒全麥角型吐司（15mm切片）⋯⋯2片

香蒜奶油（參照215頁）⋯⋯10g

綠沙拉（菊苣、紅葉萵苣、萵苣）⋯⋯25g

油醋醬（參照61頁）⋯⋯20g

水波蛋⋯⋯1顆

培根（8mm切片）⋯⋯1/2片

鹽、黑胡椒、巴西里⋯⋯適量

製作方法

1.在粗粒全麥角型吐司的單面抹上香蒜奶油，再送進烤箱稍微烤一下。

2.將培根切成短條，再放入平底鍋乾煎，然後以餐巾紙吸除多餘油脂。

3.將步驟1的其中一片吐司放在盤子上，撒上些許的鹽與白胡椒，再依序鋪上拌了半量油醋醬的綠沙拉、水波蛋與步驟2的培根，接著再淋上剩餘的油醋醬。在水波蛋表面撒上些許鹽、黑胡椒與巴西里，最後將另一片吐司蓋上去。

思考搭配紅酒的組合
使用正統食材的精緻三明治

STEP 1　深究主題

設計搭配紅酒的三明治。

在薄酒萊新酒解禁日到年底年初交界這段時間，品嚐紅酒的機會大幅增加，而此時就該提供由高級的起司或加工肉品組合而成的三明治，最好能做成單手就能拿著吃的大小。讓我們在小巧的三明治裡大量塞入正統的美味吧。

STEP 2　選擇食材

選擇與紅酒搭配的正統食材

以高級的起司與加工肉品為主，再以水果或其他食材作為重點。

若能讓食用者一口吃到濃郁、酸、甜、辣、香這些味道，滿意度也將一口氣提昇。

a.起司

能襯托出紅酒美味的起司，可視搭配的食材做成前菜或甜點。

搭配水果、核果或蜂蜜都很容易入口。

c.加工肉品

法式肉醬泥、火腿、莎樂美腸這類加工肉品都已是經過調整的味道，搭配紅酒一起吃，很容易讓人一杯接一杯。也可與起司搭配。

b.水果

不管是新鮮的、乾燥的還是果醬，只要搭配的是水果，起司的美味就會更突出。也可加入核果、蜂蜜或薄荷這類食材。

d.重點食材

在收尾階段點綴些許香草、香料與黃芥末醬，可讓整體的滋味更為均衡。

由於是一口大小的三明治，這些重點食材的效果也非常明顯。

STEP 3　重組菜單

以「前菜」「主菜」「甜點」三大主題組合食材與麵包

①前菜　盤子

以帶有酸味的起司、莎樂美腸、生火腿與煙燻鮭魚為主食材。最好能讓食用者在輕盈的口感之中，感受到酸味或辣味這兩個重點。

②主菜　盤子

以味道紮實的加工肉品為主，再搭配重點食材。也可放進熱食的菜單裡。

③甜點　盤子

味道濃醇的起司配上水果或蜂蜜的甜味，即可搭出如甜點般的風味。與起司的鹹味恰巧形成有趣的對比。

LESSON 9-①
當成前菜享用的小巧三明治

MEMO
這是很適合搭配氣泡酒（紅酒）與口感清爽的白葡萄酒的組合。酸味與辣味這兩個重點都能喚醒食慾。

醃漬鮭魚與酸奶油（圖下）

大量塗在德國巴伐利亞裸麥麵包表面的奶油起司與作為點綴之用的酸奶油讓鮭魚與裸麥的香氣彼此融合。

材料　1組量
德國巴伐利亞裸麥麵包（5mm切片）：1/4片
奶油起司…8g　　　檸檬、蒔蘿、蝦夷蔥…適量
醃漬鮭魚…12g　　　鹽、白胡椒…適量
酸奶油…8g

製作方法
1. 在德國巴伐利亞裸麥麵包的表面抹上奶油起司，再鋪上醃漬鮭魚。
2. 在步驟1的鮭魚鋪上酸奶油，再點綴檸檬、蒔蘿與蝦夷蔥。在酸奶油撒上些鹽與白胡椒。

附帶麵包的普羅旺斯燉菜之菊苣法式小點心（圖右上）

普羅旺斯燉菜與麵包一同鋪在菊苣上，是一道充滿麵包沙拉感的三明治。這種反過來將麵包當成食材使用的創意也十分有趣。

材料　1組量
裸麥麵包丁……15g
　　將裸麥麵包切成5mm丁狀，再放入烤箱烤至酥香。
普羅旺斯燉菜（參照63頁）……15g
菊苣……1片
西班牙臘腸……1/2片
黑橄欖……1/2顆
芝麻菜……適量

製作方法
1. 先將裸麥麵包丁與普羅旺斯燉菜組合。
2. 將西班牙臘腸鋪在菊苣上，接著鋪上黑橄欖，最後再鋪上芝麻菜。

羊奶起司與蜂蜜醃漬綜合莓果（圖左上）

羊奶起司的獨特酸味、莓果的酸味與蜂蜜的甜味都與氣泡酒非常對味。

材料　1組量
核桃裸麥麵包（10mm切片）…1片
奶油（無鹽）…2g　　　蜂蜜醃漬綜合莓果＊…6g
羊奶起司…10g　　　薄荷…適量

製作方法
1. 在核桃裸麥麵包表面抹上奶油。
2. 在步驟1的麵包疊上羊奶起司，接著在起司鋪上蜂蜜醃漬綜合莓果，並在一旁附上薄荷。

＊**蜂蜜醃漬綜合莓果**　將冷凍莓果與等量蜂蜜拌勻後，等待蜂蜜甜味滲入莓果。

作為主菜的小巧三明治

MEMO

這是以加工肉品為主食材的組合，吃得到紮實與渾厚的滋味。與份量感十足的白酒或濃醇的紅酒都很配。

馬鈴薯與瑞士烤起司（圖左下）

阿爾卑斯的冬季料理，也是從瑞士烤起司聯想而來的熱法式麵包片。希望讓大家一口嚐到熱到融化的起司。

材料　1組量

裸麥麵包（10mm切片）……1片
奶油（無鹽）……2g
馬鈴薯……20g
瑞士烤起司……15g
培根（8mm切片）……1/3片
巴西里……適量
鹽、白胡椒……適量

製作方法

1. 在稍微烤過的裸麥麵包表面抹上奶油。
2. 將馬鈴薯切成5mm厚的片狀，再以橄欖油煎熟，然後撒上些許鹽與白胡椒。培根也先乾煎，再以餐巾紙吸除多餘油分。
3. 將步驟2的馬鈴薯與培根鋪在步驟1的麵包上，再淋上以平底鍋加熱融化的瑞士烤起司，最後撒上些許巴西里。

鵝肝醬與無花果果醬的布里歐修三明治（圖上）

鵝肝醬與布里歐修是經典而王道的組合。與無花果果醬也非常對味。

材料　1組量

楠泰爾布里歐修麵包（12mm切片）……2片
奶油（無鹽）……4g　　　　無花果果醬……20g
鵝肝醬……35g　　　　　　黑胡椒……適量

製作方法

1. 在楠泰爾布里歐修麵包的單面抹上奶油，再依序抹上鵝肝醬與無花果果醬。
2. 切掉麵包邊，再分切成一口大小。撒上粗研磨黑胡椒收尾。

法式肉醬泥與醃漬芹菜根（圖右）

法式肉醬泥與第戎黃芥末醬都與芹菜根以及酸黃瓜的酸味非常搭配。光是這種組合足以讓人紅酒一杯接一杯。

材料　1組量

細繩麵包（12mm斜切片）……1片
奶油（無鹽）……2g
豬肉肉醬泥（參照53頁）……12g
醃漬芹菜根……3g　　　　第戎黃芥末醬……2g
細香芹……適量　　　　　酸黃瓜……1/2根

製作方法

1. 在細繩麵包的單面抹上奶油，接著抹上豬肉肉醬泥。
2. 抹上第戎黃芥末醬之後，鋪上醃漬芹菜根，再鋪上切成兩半的酸黃瓜，最後擺上細香芹。

LESSON 9-③
當成甜點享用的小型三明治

MEMO
由水果、核果與起司組成的甜點三明治。若你喜歡在用餐後喝杯紅酒，就絕對要搭配這三道三明治。

卡門貝爾起司與蘋果（圖左）
白紋起司與蘋果是經典的美味組合。稍微烤過將增加不少風味。

材料　1組量
核桃葡萄乾裸麥麵包（10mm切片）……1片
奶油（無鹽）……3g
卡門貝爾起司……20g
蘋果（3mm切片）……3~4片
覆盆子果醬……3g
核桃（烤過後剁成碎塊）……適量

製作方法
1.在核桃葡萄乾裸麥麵包的表面抹上奶油，再均勻地鋪上蘋果、卡門貝爾起司，接著送進烤箱稍微烤一下。
2.等到步驟1的卡門貝爾起司融化、蘋果也完全烤軟後，將三明治從烤箱取出，再淋上覆盆子果醬，也撒上些許核桃。

洛克福藍紋起司與核果蜂蜜漬（圖右上）
藍紋起司與蜂蜜是經典組合。核果的香氣與口感都將成為美好的重點。

材料　1組量
核桃裸麥麵包（10mm切片）……1片
奶油（無鹽）……2g
洛克福藍紋起司……10g
核果蜂蜜漬（參照86頁）……10g

製作方法
1.在核桃裸麥麵包的單面抹上奶油。
2.將洛克福藍紋起司與核果蜂蜜漬鋪在步驟1的麵包上。

布利亞薩瓦雷起司與紅酒糖漬乾燥水果（圖右下）
口感綿滑的布利亞薩瓦雷起司不需任何加工就已經是道甜點。與淡淡甜味的牛奶麵包堪稱絕配。

材料　1組量
牛奶麵包（小圓型／12 mm切片）……1片
奶油（無鹽）……2g
生布利亞薩瓦雷起司……15g
紅酒糖漬乾燥水果（參照165頁）……8g
薄荷……適量

製作方法
1.在牛奶麵包片表面抹上奶油。
2.將布利亞薩瓦雷起司與紅酒糖漬乾燥水果鋪在步驟1的牛奶麵包上，再點綴些許薄荷。

冬 *Winter*

不管是特別日還是平常日，增加三明治的樂趣吧

冬天，是嚴寒與假日一同造訪的季節。習慣西式餐點的家庭越來越多，因此在日本，棍子麵包賣得最好的是聖誕節那天。舉辦家庭派對的機會增加後，派對三明治的需求也隨著上昇。就讓我們以充滿玩心的呈現方式，讓三明治的菜單增加更多變化吧。此外，也希望在這除舊佈新的季節裡，端出冬季蔬菜蘊釀而成的日式風味三明治。

冬季的三明治食材

冬 （12月～2月）
蔬菜：蓮藕、芹菜、芋頭、牛蒡、白菜、白蘿蔔、綠花椰菜、
　　　白花椰菜、菠菜、小松菜、長蔥、生薑根、蕪菁、山茼
　　　蒿、高麗菜芽、甜豆 etc.

水果：蜜柑、奇異果、金柑、篤橙、蘋果、草莓 etc.

＊在冬季綻放美味的根莖類蔬菜藏有溫暖身體的力量。可在料理方式上
　花點心思，享受各種有趣的組合。

LESSON 10

設計派對菜色
派對三明治

POINT
- 確定目標族群與食用場合，讓菜單多點變化。
- 在派對季節起步前提出菜單是非常關鍵的一環。
- 以玩心設計出各種不同樣式的三明治。

STEP 1　決定概念　　　　　　　　　　　**預想派對場景，決定菜單概念。**

越到假日季節，派對三明治的需求就越高。
三明治的菜單其實不需從零設計，可參照經典菜單的組合方式以及擺盤方式來組合。而最重要的，就是先找出三明治是為誰、為何而做這個答案。
人數？成員？搭配的飲料？...etc. 先想像實際的派對場景再決定菜單的概念吧。

　　a.經典三明治盤　　　　　　　b.成熟路線的派對三明治　　　　　　　c.兒童風的派對三明治

STEP 2　選擇餐盤或麵包　　　　　　　**根據菜單概念使用麵包或餐盤。**

【餐盤】
經典三明治也會因為餐盤與擺盤方式
而給人不同印象。

【麵包】
若在麵包大小與形狀考量上多花心思，就能讓
派對三明治變得更有花樣。

一般的鄉村麵包　　　　小型麵包

A. B.
若使用經典的三明治餐盤，
可隨著餐盤的大小或形狀
完美擺盤。

C.
若是小朋友的派對，可使
用色彩繽紛的蠟紙或點心
叉增加趣味性。

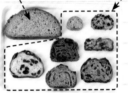

D.
能搭配紅酒一併享
用的麵包片可使用
直徑較短的圓麵包
作成一口大小。

E. F.
具有派對色彩的驚
喜麵包可做成各種
不同的形狀。

STEP 3　重組菜單　　　　　　　　　**以「概念」「麵包」「餐盤」組合出重新菜單。**

①b.成熟路線的派對三明治　　＋　【麵包】→D.一口大小的麵包
②a.經典三明治餐盤　　　　　　＋　【餐盤】→A.橢圓餐盤
③a.經典三明治餐盤　　　　　　＋　【餐盤】→B.長方型餐盤
④c.兒童風派對三明治　　　　　＋　【餐盤】→C.蠟紙、點心叉
⑤b.成熟路線的派對三明治　　＋　【麵包】→E.驚喜麵包
⑥b.成熟路線的派對三明治　　＋　【麵包】→F.驚喜麵包

LESSON 10-①
適合搭配紅酒的竹籤小點心風格餐盤

經典三明治類型
法則B-1 ×【法式麵包片】變化版
＋α要素　b.成熟路線的派對三明治＋【麵包】→D.一口大小的麵包

MEMO

pinchos就是西班牙的竹籤小點心。做成一口大小再以竹籤固定的做法很適合在派對登場。
本書將法式麵包片稍做變化之餘，還搭配了高級起司與加工肉品。同時使用核果麵包與乾燥水果麵包製作之後，雖是一口大小，也能嚐到深層豐富的滋味。

（從餐盤右側遠景順時鐘介紹）

①乾燥無花果裸麥麵包、奶油（無鹽）、佛姆德阿姆博特起司、藍莓果醬

②核桃裸麥麵包、奶油（無鹽）、蘋果、卡門貝爾起司、覆盆子果醬

③史多倫聖誕麵包、馬斯卡彭起司、蜂蜜

④葡萄裸麥麵包、香草奶油起司、煙燻鮭魚、酪梨（以檸檬汁、鹽、白胡椒醃漬）、小番茄、細香芹

⑤迷你棍子麵包、豬肉肉醬泥（參照53頁）、第戎黃芥末醬、酸黃瓜

⑥核桃葡萄裸麥麵包、奶油（無鹽）、香煎馬鈴薯、芒斯特起司、孜然

⑦葡萄柳橙核桃裸麥麵包、奶油（無鹽）、無骨白火腿、第戎黃芥末醬、米莫雷特起司

⑧迷你棍子麵包、奶油（無鹽）、菊苣、山羊奶起司、生培根、油醋醬

※在山羊奶起司外層捲一層生培根，放入平底鍋煎熟後，再鋪到麵包上

⑨蔓越莓夏威夷果法國麵包、奶油（無鹽）、生火腿、無花果、義大利綿羊起司

橢圓餐盤的派對三明治

經典三明治類型

法則C ×【茶點三明治】變化版

＋α要素　a.經典三明治餐盤＋【餐盤】→A.橢圓型餐盤

MEMO

基本款的茶點三明治方便食用，也受到相當廣泛的年齡層歡迎，所以當然是派對三明治的經典，但正因為食材簡單，所以得特別重視食材的選擇與味道的均衡。點綴些許酸黃瓜、細香芹、巴西里這類香草還能增添派對色彩。讓我們活用餐盤的大小與形狀，擺出均勻而豐盛的派對三明治吧。

經典三明治的POINT

麵包：使用不同顏色的麵包將讓整個餐盤充滿繽紛的顏色。即便是簡單的組合，視麵包種類選擇不同的奶油，將可讓每一口都吃到深奧豐富的滋味。

保存性：派對可能會持續幾個小時，三明治也可能得一直放在桌上，所以不選擇容易出水的食材。

搭配：必須調整成盤中沒有多餘折損的份量。（本書是將6組量的三明治分別切成6等分再擺盤。）

製作方法

①角型吐司（白）、鰻魚奶油＊、雞蛋沙拉、萵苣

②角型吐司（裸麥）、檸檬奶油＊、煙燻鮭魚、酸豆、生菜

③角型吐司（南瓜）、番茄奶油＊、無骨火腿、生菜

④角型吐司（胚芽）、藍紋起司奶油＊、小黃瓜、起司片

⑤角型吐司（白）、奶油起司、橘子醬

⑥楠泰爾布里歐修、鵝肝醬、無花果果醬、黑胡椒

＊鰻魚奶油、檸檬奶油、番茄奶油、藍紋起司奶油的食譜請參照215頁。

LESSON 10-③
長方型餐盤的派對三明治

經典三明治類型

法則C ×【茶點三明治】變化版

法則A ×【棍子麵包三明治】變化版

＋α要素　a.經典三明治餐盤＋【餐盤】→B.長方型餐盤型餐盤

MEMO

長方型餐盤的擺盤方式雖然比橢圓型餐盤還俐落，但若只擺了茶點三明治，卻又容易顯得單調，因此本書除了擺上常見的茶點三明治，還另外擺上細繩麵包三明治，也在外觀與味道上多加一些變化。

材料

①角型吐司（白）、鯷魚奶油＊、蛋沙拉、萵苣

②角型吐司（裸麥）、檸檬奶油＊、煙燻鮭魚、酸豆、生菜

③角型吐司（南瓜）、番茄奶油＊、無骨火腿、生菜

④角型吐司（胚芽）、藍紋起司奶油＊、小黃瓜、起司片

⑤細繩麵包、奶油（無鹽）、藍莓果醬、覆盆子果醬、核桃（烤過）

⑥細繩麵包、奶油（無鹽）、豬肉肉醬泥（參照53頁）、第戎黃芥末醬、酸黃瓜

＊鯷魚奶油、檸檬奶油、番茄奶油、藍紋起司奶油的食譜請參照215頁。

派對三明治兒童套餐

經典三明治類型

法則C ×【茶點三明治】變化版

法則B-1 ×【熱狗三明治】變化版

＋α要素 C.兒童版派對三明治＋【餐盤】→C.蠟紙、點心叉

memo

既然對象是兒童，第一個重點就是使用簡單易懂的食材，而且要做成方便孩子們吃的大小與形狀，也要讓搭配顯得更五花八門。即便容器的樣子看起來簡單，只要加上鮮豔的蠟紙或點心叉，就能營造出POP的印象。利用同樣的概念製作一人份的兒童版餐盒三明治也是不錯的選擇。

材料

（照片左上方紅白點點蠟紙的餐盒）

①迷你奶油捲、奶油（無鹽）、萵苣、肝臟香腸肉、美乃滋、番茄

②迷你蜂蜜捲、奶油（無鹽）、生菜、蛋沙拉、蒔蘿

③迷你可頌、奶油（無鹽）、萵苣、啤酒火腿香腸、美乃滋、番茄

（照片右上方直條紋蠟紙的餐盒）

④胚芽迷你熱狗、粗絞豬肉維也納香腸

⑤角型吐司（白）、奶油（無鹽）、無花果果醬

⑥角型吐司（南瓜）、美乃滋、照燒雞肉、胡蘿蔔（切絲）、小黃瓜（切絲）

⑦角型吐司（胚芽）、奶油（無鹽）、萵苣、蛋沙拉

（照片前景，粉紅色蠟紙的餐盒）

⑧角型吐司（白）、奶油（無鹽）、小黃瓜、麻里伯起司、美乃滋、無骨火腿

驚喜麵包變化版

經典三明治類型
法則C ×【驚喜麵包】變化版
＋α要素　b.成熟風味的派對三明治＋【麵包】→F.驚喜麵包

牛奶麵包版的驚喜麵包（左側照片）

MEMO

圖中是利用外型有趣的圓筒狀牛奶麵包製作的三明治。若是不將麵包內裡挖空，直接利用牛奶麵包的形狀製作，即便是牛奶麵包這種柔軟系的麵包也能輕鬆製作成功。也可改用慕斯林布里歐修麵包製作。

製作方法

將1個牛奶麵包（小圓型）切成8片後，抹上奶油（無鹽）再挾入食材。

材料

a.萵苣、紅葉萵苣、顆粒黃芥末醬、香辣柔軟系莎樂美腸

b.芝麻菜、義大利祠帕火腿（Coppa）、半乾燥番茄

c.鵝肝醬、鹽、蜂蜜、無花果

d.菊苣、米蘭莎樂美腸、帕瑪森起司

粗粒全麥吐司的驚喜麵包（右側照片）

MEMO

這次選用的是內裡鬆軟的吐司，所以別將麵包內裡挖得太乾淨。若是要做成驚喜麵包的樣子，建議使用裸麥、粗粒全麥這類紮實有份量的吐司。

製作方法

參照18～19頁的做法挖空粗麥全粒吐司的麵包內裡。將挖出來的內裡切成4等分，並且劃入V字型切口後，在表面抹上奶油（無鹽）再挾入食材。

材料

a.紅葉萵苣、無骨火腿、第戎黃芥末醬、酸黃瓜

b.芝麻菜、生火腿、半乾燥番茄、帕瑪森起司

c.萵苣、照燒雞肉、醬油美乃滋、小黃瓜（切絲）、胡蘿蔔（切絲）

d.菊苣、蘋果、藍紋起司、覆盆子果醬

選用日式食材
日式風味三明治

POINT
- 味道簡單的麵包與日式調味料、食材都很合拍。 讓我們試著搭配出類似丼飯的各種組合吧。

- 將三明治的基本食材換成類似的日式食材，就能 輕鬆組出日式風味三明治

- 基本調味料搭配日式調味，做成「日式醬汁」使用。

STEP 1 　置換食材

將三明治的基本食材換成「日式食材」

先將食材分類，再將西式食材逐一換成日式食材，藉 此找出合理又美味的組合。

【香草】　　　　　　【葉菜類蔬菜】　　　　　【加工肉品】　　　　【芋類】
芝麻菜→芹菜　　　　萵苣→日本蕪菁　　　　　火腿→叉燒　　　　馬鈴薯→芋頭
　　　　　　　　　　　　　　　　　　　　　　肉醬泥→滷豬肉

STEP 2 　製作醬汁

將三明治的基本食材換成「日式食材」

在美乃滋這種基本醬汁裡加入醬油，調成日式風味的 醬汁是最簡單的做法。讓我們將【醬油美乃滋】與 【白味噌黃芥末醬】當成基本的組合吧。

【醬油美乃滋】　　　　　　　　　　　　　　　【白味噌黃芥末醬】

將醬油調入美乃滋做成的萬能醬汁。　　　　　　第戎黃芥末醬與白味噌的甘甜十分對味，可與任何
也可加入研磨芝麻。　　　　　　　　　　　　　食材搭配。

＊美乃滋與醬油的比例請控制在9:1。　　　　　　＊白味噌與第戎黃芥末醬的比例請控制在3：2。

STEP 3 　重組菜單

在經典三明治加入「日式食材」與「日式醬 汁」，組出全新的三明治。

①越南三明治　　　　+　【芹菜、牛蒡】×【醬油美乃滋】
②總匯三明治　　　　+　【叉燒、日本蕪菁、芋頭、研磨芝麻】×【醬油美乃滋】
③棍子麵包三明治　　+　【滷豬肉、芋頭】×【白味噌黃芥末醬】
④BLT　　　　　　　+　【日本蕪菁、蓮藕】×【白味噌黃芥末醬】

LESSON 11-①
蜂蜜味噌豬肉與芹菜牛蒡的細繩麵包

經典三明治類型
法則B-1 ×【越南三明治】變化版
＋α要素 【芹菜、牛蒡】×【醬油美乃滋】

MEMO

將燒肉口味的越南三明治調成日式風味。以蜂蜜、味噌、醬油醃漬而成的鹹甜豬肉與芹菜的香氣，都與法國麵包非常搭配。清炸的牛蒡就像是炸洋蔥圈一樣，能增加不少口感與香氣。

材料　1組量

細繩麵包（100g）……1根
奶油（無鹽）……5g
蜂蜜味噌豬肉＊……40g
芹菜……40g
醬油美乃滋（參照229頁）……2g
清炸牛蒡……4g

製作方法

1.從細繩麵包側邊切出一道切口，並在剖面抹上奶油。
2.將蜂蜜味噌豬肉、芹菜依序挾入麵包，再擠上醬油美乃滋，然後挾入以削皮器刨成絲的清炸牛蒡。

＊**蜂蜜味噌豬肉**　調和調味料的材料（2大匙味噌、1大匙蜂蜜、1/2大匙醬油、1/2大匙酒）後，將調味料與豬肉一同放入塑膠袋，靜置3小時～1個晚上，等待調味料滲入豬肉。滴除豬肉表面多餘的醃漬汁，再放入平底鍋以少量的沙拉油煎熟。剩下的醃漬汁可倒入剛剛煎熟豬肉的平底鍋煮沸，然後淋在煎熟的豬肉表面。

叉燒炸芋頭的日式總匯三明治

經典三明治類型
法則B-2 ×【總匯三明治】變化版
+α要素　【叉燒、日本蕪菁、芋頭、研磨芝麻】×【醬油美乃滋】

MEMO
日本蕪菁、蘋果的清脆與炸芋頭的黏稠可以在口感上取得平衡，是一道值得期待的日式沙拉三明治。使用叉燒代替火腿與培根是這道三明治的重點。

材料　1組量
裸麥角型吐司（10mm切片）……3片
奶油（無鹽）……8g
蘋果（2mm切片）……20g
叉燒……25g
芋頭……30g
醬油美乃滋（參照229頁）……8g
研磨芝麻（白）……1大匙
日本蕪菁……18g
鹽……適量

製作方法
1. 芋頭先去皮，切成6mm厚度的薄片後，放入油鍋清炸。撈出鍋外後，趁溫度還在，稍微撒點鹽調味。
2. 將裸麥角型吐司送進烤箱稍微烤一下，讓表面變得乾燥後，取其中一片在兩面抹上奶油，另外兩片則只在單面抹奶油。
3. 依序將蘋果片、叉燒、兩面抹有奶油的吐司，疊在單面抹奶油的吐司上，再疊上清炸芋頭，並且擠上醬油美乃滋，再撒點研磨芝麻。鋪上依吐司大小切短的日本蕪菁後，蓋上另一片吐司。
4. 切掉上下兩側的吐司邊，再將吐司分切成3塊。

LESSON 11-③
肉醬泥風味滷豬肉與 芋頭泥的棍子麵包三明治

經典三明治類型
法則A ×【棍子麵包三明治】變化版
+α要素　【滷豬肉、芋頭】×【白味噌黃芥末醬】

MEMO
用叉子一撥開滷到入口即化的滷豬肉，立刻變身為日式風味的肉醬泥。口感黏稠的芋頭泥與白味噌黃芥末醬也非常對味。

材料　1組量
棍子麵包……1/4根
奶油（無鹽）……6g
滷豬肉……50g
芋頭泥＊……30g
白味噌黃芥末醬（參照206頁）……10g
花椒……適量

製作方法
1.從棍子麵包側面切出一道刀口，並在剖面抹上奶油。
2.利用叉子的背面壓散滷豬肉的纖維，做成肉醬泥的樣子。
3.將步驟2的滷豬肉、芋頭泥依序挾入步驟1的棍子麵包，並將白味噌黃芥末醬擠在芋頭泥上。最後撒上些許粗塊的花椒收尾。

＊芋頭泥　先將芋頭洗乾淨。將帶皮的芋頭擺在鋪有岩鹽的淺盆子上，送進預熱至攝氏180度的烤箱烘烤，直到竹籤可刺穿的熟度為止。烤好的芋頭先去皮，並以壓泥器壓成粗泥，再以鹽、白胡椒、少量的鮮奶油調味。

LESSON 11-④
蓮藕排與厚切培根的日式風味漢堡

經典三明治類型
法則B-1 ×【BLT】變化版
+α要素　【日本蕪菁、蓮藕】×【白味噌黃芥末醬】

MEMO
只需以鹽、黑胡椒調味蓮藕厚片，煎熟後，甜味就會大增。這是一道利用厚切培根與白味噌黃芥末醬之間的絕妙平衡形成的全新日式風味漢堡。

材料　1組量
馬鈴薯麵包（100g）……1個
奶油（無鹽）……5g
日本蕪菁……8g
培根（8mm切片）……1片
白味噌黃芥末醬（參照206頁）……10g
蓮藕（15mm切片）……1片
鹽、黑胡椒、橄欖油……適量

製作方法
1.先將蓮藕去皮，再放入平底鍋以橄欖油油煎。當表面出現焦色就翻面，並在兩面均勻撒上鹽與粗研磨的黑胡椒。煎到兩面變色即可。培根則先切成兩半，放入平底鍋乾煎，逼出多餘油脂。
2.從側面將馬鈴薯麵包切成兩半，並在剖面抹上奶油。
3.依照麵包大小將日本蕪菁切短後，鋪在步驟2的麵包上頭，再依序挾入步驟1的培根、白味噌黃芥末醬與蓮藕。

三明治製作最重要的事

　　我非常喜歡三明治。

　　在麵包與食材如此單純的組合之中，除了藏著美味，也蘊含了每塊土地的飲食文化，其魅力可說是無窮無盡。

　　可惜的是，三明治雖然是烘焙坊必備的品項，卻常因「製作步驟繁瑣」、「成本所費不貲」這類原因，被視為某種負擔。

　　本書除了介紹三明治的食譜，也介紹了食材相關基礎知識與菜單的設計方式，而這些都是在製作三明治的時候，必須了解的「步驟」與「成本」。

　　「步驟」包含了「每道手續」與「所需時間」這兩個元素，而三明治的製作通常不需過多的烹調與步驟，也不需要耗費太多時間，就連「成本」這一環也只要「詳加控制」，就不會造成過多浪費。

　　若只是因為流行而選擇製作「步驟繁複」與「成本高昂」的三明治，時間一長，終究還是會被顧客所淘汰。

　　只有「用心」製作，「步驟」與「成本」才能顯出價值。若能直率地製作出那些製作者本身由衷覺得好吃，而且渴望一嚐的三明治，才能製作出比菜單上更為美味的三明治。秉持著為珍惜的人製作「餐點」的心情製作，而非意在製作某項「商品」，三明治就能同時滿足肚子與內心。

　　您喜歡製作三明治嗎？
　　製作的時候快樂嗎？
　　有用心製作嗎？

　　只要了解、喜歡、樂意製作三明治的人增加
　　三明治一定能變得更加更為美味吧。

　　The truth of the world delicious sandwiches
　　 全世界美味三明治的真相

　　它，教會我「用心」製作的重要性。

＊此處所指的成本意指「食材成本」。

作者最喜愛的三明治

在以石臼碾磨的麵粉製成的棍子麵包裡抹上大
量的發酵奶油，再挾入西班牙塞拉諾生火腿。
麵粉、奶油、塞拉諾生火腿各自的香味合奏出
深奧而豐富的滋味。雖然是簡單的搭配，卻讓
人越咀嚼越能體會每項食材的風味。

這道三明治雖然「費工」也「耗費成本」，卻
不需要耗費過多的「烹調時間」。這也是我衷
心覺得美味的三明治組合。

三明治的基礎知識 II

關於奶油

奶油在三明治的製作裡，扮演著極為重要的角色。

就功能性而言，奶油可在「麵包表面形成油膜，防止麵包被水分滲透」，也可擔任「麵包與食材之間的黏著劑」，這兩點想必大家都已經知道了。

不過，奶油最重要的功能還是「增添美味」這點，光是在麵包表面塗抹奶油，就足以突顯麵包與食材各自的美味。

三明治製作所使用的奶油

無鹽與含鹽奶油

三明治的製作基本上使用無鹽奶油，因為三明治是由麵包、食材與醬汁組合而成，若還使用含鹽奶油，可能會導致整個三明治過鹹，而且無鹽奶油與麵包、食材結合後，原本那綿滑的乳香感也會更明顯。在日本，抹在麵包表面的都常是含鹽奶油，而用於製作甜點或料理的，會是無鹽奶油，但在歐洲，不論做何用途，通常是無鹽奶油居多。

不過某些地區如法國布列塔尼地區，就因鹽為當地特產，所以較常使用含鹽奶油，因此當地的甜點、麵包或料理也常具有含鹽奶油的特色。

發酵奶油與未發酵奶油

所謂的發酵奶油就是讓奶油這項原料經過乳酸發酵再行製作的產品。歐洲習慣使用發酵奶油，但日本則以未發酵奶油為主流。未發酵奶油擁有溫潤的香氣，而發酵奶油則具有獨特的發酵風味、酸味與濃郁滋味，讀者們可視個人喜好選用。

奶油的使用法

先讓奶油在室溫之下回復成髮油般的狀態，再抹在麵包表面。要注意的是，若是將冷藏至硬邦邦的奶油抹在柔軟的麵包上，麵包的表面就很可能因此而受損。奶油會在攝氏30度左右開始融化，而奶油一旦融化，組織就會被破壞，風味也會逸失，所以在氣溫較高的季節裡，千萬要妥善管理奶油的溫度。

室溫一低，奶油立刻凝固時，可先稍微將融成髮油狀的奶油打發，之後會比較好用一點。

刻意將冷藏過的奶油切成起司片的形狀，然後大量挾入堅硬系麵包裡，也是很有效果的使用方法之一。

綜合奶油

拌有各類食材的奶油被稱為beurre compose（綜合奶油），法國料理常用於替肉類、海鮮類料理增味，也用於法式小點心的製作，或是用於醬汁最後的收尾的階段。只要在奶油加入香草、香料或起司，就能輕易地調出更豐富、變化更多的滋味。建議根據主要食材選用不同的綜合奶油。

製作方法 先讓奶油回復成髮油般狀態，再拌入各種不同的食材。

香蒜奶油
這是具有大蒜與巴西里風味的香蒜奶。抹在麵包表面，再將麵包送入烤箱烤一下，就能提昇不少風味。可當作熱三明治的重點提味。

材料 100g奶油（無鹽）、1大匙巴西里（切末）、1大匙紅蔥頭（切末）、2小匙大蒜（切末）、1/2小匙鹽、少許白胡椒

檸檬奶油
這是加入檸檬皮與檸檬汁的奶油。滋味清爽，與鮭魚類與新鮮蔬菜類的三明治極為搭配。

材料 100g奶油（無鹽）、1/2顆量的檸檬皮（將黃色部分磨成泥）、1小匙檸檬汁、少許鹽與白胡椒

番茄奶油
具有乾燥番茄、大蒜與香草風味的番茄糊與奶油混拌而成的奶油。可為火腿類、蔬菜類的三明治增添重點。

材料 100g奶油（無鹽）、5g乾燥番茄糊（以乾燥番茄、番茄、大蒜、香草的市售品）。

洛克福奶油
被譽為藍紋起司之王的「洛克福起司」與奶油混拌後，就能嚐得其圓潤的風味。也可依個人口味改用佛姆德阿姆博特起司、古岡左拉起司這類藍紋起司。

材料 100g奶油（無鹽）、60g洛克福起司、2小匙波特酒（或馬德拉酒）

鯷魚奶油
拌入鯷魚糊的奶油具有恰到好處的鹹味，也嘗得到令人印象深刻的鯷魚風味。與南歐風的三明治或雞蛋都很對味。

材料 100g奶油（無鹽）、5g鯷魚糊

Column

各種與麵包搭配的油品

奶油雖是最常與麵包搭配的油品，但其餘各地也常使用其他種類的油品，例如鵝肝醬產地的法國西南部料理就常使用鵝油，有時也會當成抹在麵包上的奶油使用。而橄欖油產地的地中海沿岸則以橄欖油為基本油品，不管是挾在麵包裡的內餡或食材，都常使用橄欖油製作。美國人最愛吃的花生醬也可說是一種突顯在地色彩與食材美味的經典油品之一。其他常見豬肉料理的地區則會使用豬油代替奶油，而中東地區則使用中東風味芝麻醬，總之各地都有不同的油品或是類似油脂的食材。

橄欖油

鵝油

花生醬

關於起司

起司是三明治製作不可或缺的食材之一。
日本常使用加工起司，但若是堅持使用天然起司，將可創造更為不凡的美味。
接下來就為大家介紹在製作三明治之前，必須先知道的基本常識以及可分別用於各類三明治的起司。

起司的基礎知識

起司到底是什麼？

起司，是最古老的人工食品之一，也是兼具人體所需營養成分的乳製品。起司的種類非常多，可分成優酪狀這類的凝固品，也可分成不同大小、狀態或形狀，目前發源地尚未定論，但一般認為，大約在西元前4000年開始製作乳製品之際就已誕生。經過發酵使牛奶的保存性將大幅提昇、美味也大增的起司，隨著時代的演進而產生了不同的種類，也產生了各種不同的食用方式，並且於全世界風行與普及。

起司的分類

從農家自製到工廠生產，起司可分成許多種類，而要將如此五花八門的起司細分成不同種類絕對是件困難的事，因此本書根據起司的製作方式，將起司粗分成兩大種類。

●天然起司

所謂的天然起司就是以牛、山羊、綿羊、水牛的乳汁為原料，透過乳酸菌或凝乳酵素凝固而成的產品，或是進一步讓其熟成的產品，種類可謂繁多。由於乳酸菌與酵母是活菌，也因此造就了天然起司的獨特滋味與成熟風味。而天然起司還可細分為以下七種。①非熟成（新鮮）起司、②白紋起司、③洗浸式起司、④藍紋起司、⑤山羊起司、⑥半硬質起司、⑦硬質起司。

●加工起司

將一種或二種以上的天然起司加熱融化後，使其乳化再度成形的產品。經過加熱的起司將停止熟成，因此味道也可保持不變，保存性、品質與營養成分也較安定。某些加工起司則與核果、香料或香草混拌增加不同風味。

起司的營養

以平均而言，起司通常是乳汁濃縮為1/10之後的產品。乳汁是哺乳類養育後代的營養來源，而濃縮之後的乳汁即便少量，也蘊涵著滿滿的營養。
在起司眾多的營養成分之中，最為優良的可説是蛋白質，而這種蛋白質會在熟成過程中分解，變得特別容易吸收，因此吸收率也非常之高。除此之外，起司還含有各種人體必需營養，例如維他命或礦物質，而且還含有日本人最缺乏的鈣質，比起牛奶，吃起司更能有效率地吸收鈣質。可惜的是，起司不含維他命C與膳食纖維，所以最好能搭配蔬菜或水果一併食用。
有些人一喝牛奶就會胃腸不適，也就是患有所謂的乳酸不耐症，但這全是因為腸道沒有能分解牛奶乳糖的酵素所導致，而在起司的製造過程中，乳糖已被轉移至液態的乳清裡，所以起司不含乳糖，也不會讓患有乳酸不耐症的人感到腸胃不適。

歐美的起司消耗量有八成是牛奶製品，而起司與麵包一樣，都是餐桌上不可或缺的食品之一，也屬於三明治的基本食材，可為三明治創造非凡的美味。

起司的分類

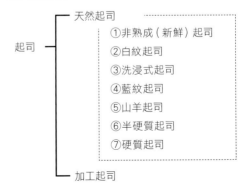

白紋起司

布利起司或卡門貝爾起司這類具代表性的白紋起司，主要是在起司表面人工繁殖白黴菌所製成。這種白黴菌擁有強勁的蛋白質分解力，因此起司會從表面開始往中心部分熟成。當中心部分完全熟成與消失，起司就會進入口感最為綿滑，最為好吃的時期。而且在熟成的過程中，起司的濃郁度與香氣都會與日俱增。日本普及的國產卡門貝爾起司的口感較為柔順，而法國正宗的卡門貝爾起司則擁有濃厚強烈的風味。

照片：卡門貝爾起司（左）、布利起司（右）、布利亞‧薩瓦雷起司（上）

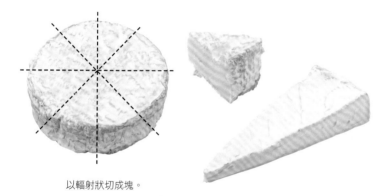

以輻射狀切成塊。

●特性相符的麵包
棍子麵包、法國鄉村麵包、裸麥麵包這類法國麵包都非常適合。
成熟風味強烈的起司與口感紮實的麵包較為搭配，而口味柔和的起司則與布里歐修或牛奶麵包這類豐富麵包對味。

Column

起司道具I　起司刀
被稱為Omega Knife的起司刀刀身開有空洞，可避免起司沾黏，也比較方便切開軟的起司。分叉的刀尖可刺起起司，將起司分給別人。

藍紋起司

在法國被稱為「巴西里」的藍紋起司，最明顯的特徵就是佈滿巴西里末的外表。與白紋起司的差異之處在於藍紋起司是於內側繁殖黴菌，所以是從內部開始成熟的。雖然風味獨特而強烈，只要一習慣，就會為了那深奧的滋味深深著迷。據說法國的「洛克福藍紋起司」的起源是牧羊人將「裸麥麵包」忘在洞窟裡，結果裸麥麵包的青黴就這樣轉移至放在旁邊的羊奶起司，而這款起司的歷史也已超過2000年以上。

照片：古岡左拉起司（左上）、洛克福藍紋起司（左下）、佛姆德阿姆博特起司

佛姆德阿姆博特起司可先切成半月型，之後才方便切片。
若進一步切成輻射狀，散佈的黴菌才平均。
若是外皮堅硬的類型，可先薄薄地切掉外皮。
若要用於熱三明治或料理的點綴，不妨先切成小塊再使用。

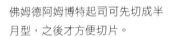

● 適合搭配的麵包

裸麥麵包、核果或葡萄乾麵包、鄉村麵包這類風味強烈的法國麵包，或是裸麥比例較高的德國麵包。

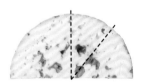

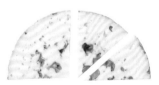

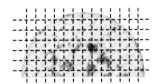

𝒞olumn

起司道具 II
鐵絲起司刀

這把鐵絲起司刀很適合用來切容易散開的藍紋起司或是新鮮的羊奶起司。

非熟成（新鮮）起司

新鮮起司屬於農家的即興作品，也可說是起司的原點。與其他起司的差異之處在於不太耐放這點。具代表性的白起司呈白色，也具有與優酪相似的酸味，但與優酪的差異在於有無乳清，沒有乳清的白起司呈固體，風味也不太一樣。奶油起司可分成天然起司與加工起司兩種，本書選用的是天然起司。

照片：伯森起司（左上）、奶油起司（左下）、馬斯卡邦起司（中央）、白起司（右上）、莫札瑞拉起司（右下）

● 適合搭配的麵包

每種新鮮起司都有獨特的味道與質感，所以適合搭配的麵包也截然不同。莫札瑞拉起司適合與佛卡夏或拖鞋麵包搭配，馬斯卡邦起司則適合與布里歐修或核果、乾燥水果的麵包搭配，至於伯森起司則適合與各式法國麵包搭配。
奶油起司與白起司則與各種麵包都搭配。

奶油起司可先在常溫底下放軟再抹在麵包表面，也可以直接在冷藏的狀態下切片使用。

莫札瑞拉起司可視個人口味決定切片的厚度。若是要於製作熱三明治使用，建議切成小塊或撕成碎塊再使用。

Column

起司道具Ⅲ
波浪形的鐵絲起司刀

可將柔軟的奶油起司俐落地切成片，而且還能在起司的表面切出波浪形狀，看起來十分賞心悅目。

硬質‧半硬質起司

可先利用削皮器將帕瑪森起司削成極薄片或是利用磨粉器磨成粉狀再使用。

硬質起司屬於一種登山的保存食物，經得起長時間的保存。製作方式雖然簡單，味道卻會隨著過熟成時間的長短而改變，有些還具有當地牛隻食用的花或牧草的香氣，滋味非常豐富而深奧。直接吃就很好吃之外，也可切成片用於三明治，有的地方料理還會先加熱融化，製作成所謂的「起司火鍋」，有些地區則會削成粉，撒在義大利麵或焗烤料理表面，也都是很有趣的使用方法。

切達起司、高達起司、麻里伯起司這類半硬質起司通常會切成片，當作三明治的食材使用。

照片：艾曼達起司（左上）、切達起司（左下）、米莫雷特起司（中央上方）、格律耶爾起司（正中央）、康堤起司（中央下方）、帕瑪森起司（右側）

切達起司與米莫雷特起司屬於半硬質起司，其餘則屬於硬質起司。

●適合搭配的麵包
法國麵包、德國麵包這類簡約麵包都很適合。

半硬質麵包與吐司這類柔軟系麵包也很搭配，硬質起司則可用削皮器削成薄片，或是先削成粉，就能用於各種麵包。

Column

起司道具IV
削皮器

用來替蔬菜或水果削皮的削皮器很適合將硬質起司刨成薄片。可透過力道來調整切片的厚薄度。

起司道具V
起司磨粉器

可於硬質起司需磨成粉的時候使用。照片裡的磨粉器除了可將起司磨成粉，也可用於其他食材。

山羊起司

羊奶起司（Sainte-maure）
可先抽掉中間的稻草，再視
個人口味決定切片的厚度。

法語的 chèvre 就是「山羊」的意思。據說山羊奶的成分與母奶相近，因此法國也將山羊起司當成斷奶食品使用。純白色的組織非常容易崩散，所以通常都做得很小塊。新鮮的山羊起司具有清爽酸味，入口即化的口感也令人印象深刻。一經過熟成，就會轉換成柔軟桼實的質感，山羊奶的醇厚感也會更為明顯。

山羊一年只生產一次，所以只有在小山羊斷奶的春天到秋天這段時間，才有機會製作這款山羊起司。原本這款山羊奶屬於 當令時節 的滋味，但現在使用了冷凍奶之後，大部分的山羊起司已可全年製作。

照片：瓦蘭西起司（左上）、山羊奶起司（左下）、羊奶起司（右）

●**適合搭配的麵包**
核果或乾燥水果的裸麥麵包

洗浸式起司

質感綿滑的金礦山
起司在常溫底下放
軟後，可直接用湯
匙挖起來使用。

所謂的Wash，顧名思義就是以鹽水或酒精一邊清洗表面，一邊讓起司熟成的意思。清洗表面的步驟可賦予起司適當的濕氣，也能讓與納豆菌同為短桿菌的「紅菌」繁殖。味道雖然難聞，但內部極為黏稠，風味也極為豐富。由於經過洗浸這道步驟，所以通常與當地的酒品很對味。

照片：金礦山起司（左側）、芒斯特起司（右側）、塔雷吉歐起司（右上）

●**適合搭配的麵包**
法國鄉村麵包、裸麥麵包

關於加工肉品

何謂加工肉品

傳統的加工肉品與起司都是三明治不可或缺的基本食材。以方便保存而施以鹽漬處理的豬肉為首，歐洲各地都有當地特色的產品。本書將為大家介紹有助於製作三明治的基本加工肉品，以及相關的使用方法。

關於培根

Bacon指的是加工過的豬五花，而原本的製作過程是不加熱的。

相對於直接食用的火腿，培根通常被當成料理的副食材看待，可當成調味料或熬煮高湯的時候使用。這也是為什麼要製作成高鹽分的原因。日本常見的培根幾乎都是熟培根。建議選擇優質品的培根作為調味關鍵。

（照片中由上而下）培根（厚切／8mm切片）、培根（薄切／2.5mm切片）、生培根（薄切／1mm切片）

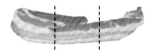 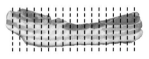

用法POINT

培根切片的厚度與切法得視菜單的需求調整，因為這會營造出截然不同的口感與滋味。 於三明治使用時，最好將培根切成兩半（照片a），而將厚切培根切成短段的情況（照片b）也不少見。

 a　　　　b

Column

香脆培根（crispy bacon）的製作方法

要將培根煎的香脆，培根的選擇就非常重要。加水率高、糖類添加較多的培根不容易煎掉油脂，在變得香脆之前，就已經先被煎焦。若是未經加水且以鹽漬製作而成的培根，美味將於乾煎的過程中被濃縮，也將變得更為美味。

 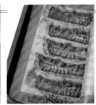

以烤箱烘焙

若想一次大量製作，可將培根挾在矽利康材質的烤盤之中，再送進烤箱烘焙。此時培根將因壓在上方的烤盤重量而被烤得扁扁的。烘焙完成後，一樣利用餐巾紙吸除多餘油脂，再靜置放涼備用。

以平底鍋乾煎

將培根排入未熱鍋的平底鍋裡，並以小火慢慢乾煎。此時油脂將慢慢滲出，而培根也將因本身的油脂而被煎得焦香。當油脂完全滲出，可利用餐巾紙吸除鍋裡多餘的油脂，靜置放涼後，就是香脆的培根了。

關於火腿

Ham是英語的「豬腿肉」的意思。火腿原本是指「經過加工的帶骨豬腿肉」，而所謂的無骨火腿，就是抽掉豬腿骨的豬腿肉火腿。

順帶一提，法語的Jambon、德語的Schinken、西班牙語的Jamon都與Ham是一個意思，但義大利語的Prosciutto則是以「乾燥」這個製作步驟來替火腿命名。

（照片從左至由、加熱品）白色無骨火腿、無骨火腿、里肌火腿、鄉村火腿、黑胡椒辣烤火腿、（右上角非加熱品）生火腿（大塊的）、規格火腿（小塊的）

里肌火腿、無骨火腿

在歐洲吃三明治，一定會對挾在裡頭的火腿驚為天人。越是簡單的組合，火腿的品質越代表三明治的美味，所以請依麵包的種類選擇火腿。順帶一提，日本的里肌火腿是日本獨創的加工肉品。

用法POINT

圓形的火腿挾在正方形的吐司裡，會在四個角落留有空白。雖然三角型的吐司裙光這樣就很好吃，若是切成四角形的三明治就會出現火腿較少的部分。如果很在意這點，可先將火腿切成兩半再挾入吐司。大塊的無骨火腿則可先切成小塊再挾入吐司，也就不會突出吐司外面了。

黑胡椒辣烤火腿／鄉村火腿

這兩種火腿依JAS（日本農林規格）的標準，全都屬於無法躋身火腿之列的加工肉品，不過日本全國的烘焙坊常使用，本書也將這兩種火腿視為火腿之一。（大山火腿的原創商品）。

用法POINT

由於直接以里肌肉與肩里肌肉的原始形狀製作而成，所以挾在角型吐司裡面時，最好依角型吐司的大小切塊，才不會造成浪費。

生火腿

放在高濃度鹽水醃漬，再經過乾燥步驟製成的非熟成火腿。鹽份雖高，但依舊嚐得到溫潤口感，屬於長時間熟成的產品。日本的生火腿通常只花數週製作，但歐洲的生火腿則會耗費數個月～1年製作。阿爾卑斯山脈以背的地區常見煙燻的製品（規格火腿），但以南的地區則常見鹽漬的製品（生火腿）。

用法POINT

若以重量相同的火腿相比，切成薄片的火腿會增加不少表面積，所以也比較能散發出纖細的香味，若是切成厚片則可增強口感。生火腿最好是切成薄片，利用其香味烹調料理。

1片的情況　　2片的情況

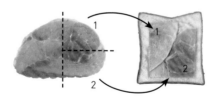

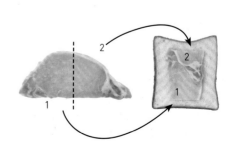

摺成兩半

有關香腸

Sausage一詞源自拉丁語的salsus（鹽漬品），相對於整塊豬肉製成的火腿，香腸則屬於絞肉製作的製品，這也是最大的特徵之一。除了以豬肉製作之外，牛肉、羊肉以及牛羊的內臟、蔬菜、香草，都可以是製作香腸的原料。香腸的大小與形狀也非常多元。

維也納香腸、法蘭克福香腸

日本農林規格JAS將使用羊腸製成、且粗細未達20mm的香腸歸類為維也納香腸，另外將使用豬腸製作且粗細介於20mm～36mm之間的香腸歸類為法蘭克福香腸。香腸可依是否經過加熱、煙燻、鹽漬步驟與調味料、絞肉方式的不同，分成不同種類。
（照片從左至右）●煙燻類型的香腸：辣香腸（長類型）、粗絞豬肉香腸（長類型）、辣味維也納香腸、粗絞豬肉維也納香腸●無煙燻類型的香腸：白香腸、香草香腸、蒜味香腸、生香腸

用法POINT

維也納香腸、法蘭克福香腸的製作方法與味道決定了提香引味的加熱方式，所以必須視情況決定是以水煮加熱，還是放入鍋裡油煎加熱。

波隆那香腸

依照日本農林規格JAS的規定，使用牛腸製作且粗細達36mm以上的香腸，就被歸類為波隆那香腸。由於可切成面積較大的片狀，所以與維也納香腸或法蘭克福香腸的味道也不太一樣，可充分感受到「肉」的鮮美。
（照片從左至右）摩德代拉香腸、啤酒火腿香腸、肝臟香腸肉、德國香腸肉排

用法POINT

切成薄片的摩德代拉香腸或啤酒火腿香腸可當作冷盤來吃，切成厚片的肝臟香腸肉或德國香腸肉排則可煎過再吃。

莎樂美腸

莎樂美腸被日本農林規格JAS定義為乾燥香腸，而且還可細分成兩種，其一是未經加熱且乾燥至含水量低於35%的乾燥香腸，其次則是加熱（或未經加熱）且乾燥至含水量低於55%的半乾燥香腸。●非加熱類型：（照片上方較長的香腸）白黴莎樂美腸、（照片從左下角至右側）、米蘭莎樂美腸、義大利莎樂美腸、西班牙臘腸●加熱類型：香辣軟系莎樂美腸

用法POINT

使用方法與生火腿相同，雖然鹽分較高，卻能嘗得到經過時間熟成的紮實肉味。可不經加熱直接使用。

關於其他加工肉品

除了基本的火腿與香腸之外，還有各種豬肉、牛肉與雞肉的加工肉品。可依麵包種類、搭配的醬汁與蔬菜選用，也能用於製作日式或西式的料理。以下將介紹本書使用的製品。

五香煙燻牛肉
以黑胡椒提出牛肉鮮味的製品。可用於美食三明治。

豬肉肉醬泥
將經過長時間燉煮的豬肉打成糊狀的製品（參照53頁）。

煙燻雞肉
以口味清爽的雞胸肉為原料，經過煙燻步驟製成的製品。沒有腥味之餘，還帶有溫和的滋味，是一種百搭的加工肉品。

照燒雞肉
具有鹹甜醬油味的雞肉與蔬菜十分對味。用於日式三明治。

鹽醃牛肉
與五香煙燻牛肉並列，是美式外帶三明治的經典食材。可大量使用。

法式鄉村肉醬
以豬肉、豬肝製作的鄉村肉醬，與法國麵包十分搭配。

坦都利烤雞
香料的香氣將徹底喚醒食欲。可依組合方式組裝出個性鮮明的三明治。

叉燒肉
日式叉燒與麵包也很對味，能讓三明治充滿令人熟悉的味道。

豬肝醬
豬肝的味道十分深奧，與裸麥麵包有著極佳的適性。

紅椒粉雞肉
以紅椒粉與芥末種籽添香的雞肉。可與大量的生鮮蔬菜搭配。

白蒸雞肉
味道清爽淡薄的白蒸雞肉可用於各類料理。

德國無脂生香腸
德國常見的糊狀生莎樂美腸。可與裸麥麵包搭配。

關於醬汁與調味料

基本醬汁

醬汁也是三明治的基本元素之一，即便使用的是市售品，也能以多種醬汁混拌出原創的味道。

美乃滋

這是在日本的三明治最常見的基本醬汁。可與各種食材搭配。

番茄醬

全美式三明治常見的醬料。可與美乃滋搭配。

醬油

代表日本的醬料。由於呈液狀，需與美乃滋這類醬料混拌之後再使用。

甜辣醬

常用於越南料理與泰式料理的酸甜辣味醬汁。

伍斯特醬

有時日本只稱伍斯特醬為「醬」，是一種黏稠度較低的日本獨創調味料。可用於西式料理。

中濃醬

比伍斯特醬的黏稠度略高，嘗得到果實或蔬菜的溫潤甜味。

多明格拉斯醬

將奶油與麵粉炒到變色後，倒入法式高湯燉煮的濃郁醬汁。

辣椒醬

辣椒味強烈的番茄基底醬汁。與海鮮類的食材十分對味。

油醋醬

醋與3倍的油調和為基本配方。可視個人喜好選用不同的醋與油，也可適量加入第戎黃芥末醬、洋蔥、蒜泥這類材料，製作出具有個人特色的醬汁。（參照61頁）。

白醬

口感綿滑、口味醇厚的這種醬料很適合用於熱三明治的製作。將30g的奶油與30g的麵粉炒至變色之前，倒入500ml的牛奶調開，再以鹽、白胡椒與肉豆蔻調味。翻炒的重點在於以小火慢慢炒熟麵粉。過濾之後，口感將更為綿密滑順。可視個人喜好倒入補充牛奶或鮮奶油來調整濃度。可與多明格拉斯醬或肉醬搭配。

鹽、香料&乾燥香草

若在香料、乾燥香草或鹽的選擇上有所堅持，加一點在三明治的製作裡，就能營造出迥然不同的味道。接著為大家介紹可為三明治增添新味的調味料。

鹽

所有料理的基本調味料。海鹽、岩鹽或各地區的鹽都可選用，請找到您心目中最美味的鹽。

黑胡椒

這是尚未熟成的黑胡椒經過乾燥步驟製成的製品。強烈的辛香氣與辣味是最大特徵。粗研磨的黑胡椒可作為重點提味之用。

凱焰辣椒粉

以紅辣椒粉製成的製品。辣味強勁，少量就能提味。

鹽之花

法語的「fleur de sel」就是鹽之花的意思，屬於大顆粒的日曬鹽。以法國西部蓋朗德產最為有名。含有大量礦物質，風味也較為豐富。

白胡椒

成熟胡椒乾燥製成的產品。味道較黑胡椒溫潤。細研磨的白胡椒可作為醃漬食材之用。

巴斯克辣椒粉

法國巴斯克地區特產的辣椒。擁有均衡的甜味與辣味，風味也變化多端。

蒔蘿

清爽的馨香與海鮮極為搭配。冷凍乾燥的種類也很適合用來點綴料理。與蛋沙拉也很搭配。

紅胡椒粒

是一種生鮮胡椒的果實，與胡椒不屬同種。獨特的香甜是最大的特徵，可為料理添色。

辣椒粉

以凱焰辣椒粉為基底，另加大蒜、孜然、奧勒岡這類香料與香草製成，是墨西哥料理的綜合香料。

普羅旺斯香草

法國普羅旺斯的綜合香草。清爽的風味與番茄類的醬汁、雞肉或海鮮都很對味。

咖哩粉

由多種香料調和的市售咖哩粉可為醬汁增加重點。

七味辣椒粉

以辣椒粉為基底製成的調味料，是日本獨創的綜合香料。可用於日式三明治。

作為重點提味的調味料與食材

個性鮮明的調味料與提昇口感、香氣的重點食材若與基本食材或醬汁搭配，將交疊出更美妙的滋味。

| 歐式、其他各國調味料 | | 日式調味料 | 可用於醬料或料理裝飾的重點食材 |

顆粒黃芥末醬
摻有芥末種籽的黃芥末醬擁有非常有趣的口感，而溫和的辣味是最大特徵。

鯷魚醬
以鹽漬鯷魚製成的醬料，也是尼斯風沙拉不可或缺的調味料。與馬鈴薯、雞蛋非常對味。

梅子泥
是一種以梅乾為主材料的醬料，可用於日式三明治。

酸黃瓜
是一種醋漬的小黃瓜，可用於火腿或肉醬泥的三明治裡，切碎之後，也可拌入醬料。

第戎黃芥末
法國第戎地區的傳統黃芥末醬。酸味與辣味非常均衡。

青醬
由羅勒、大蒜、橄欖油製成的醬料。適合與沙拉或雞肉搭配。

黃芥末醬
被當成日式辣調味料之一，使用時，通常會加在其他醬料裡。與牛肉或生鮮蔬菜非常搭配。

黑橄欖
可用於沙拉風三明治的裝飾。黑橄欖是完全成熟的橄欖，還未成熟的橄欖是綠色的。

橄欖醬
於南法普羅旺斯生產的黑橄欖為主材料的醬料。可搭配沙拉風的三明治。

魚露
越南的代表性調味料。是由鹽漬過的小魚發酵製成。

味噌
足以代表日本的發酵食品之一，擁有豐富的風味與醇郁的滋味，可拌入醬料使用，也可當作調味時的提味料。

酸豆
這是醋漬的酸豆花苞。與煙燻鮭魚是經典組合。

大蒜蛋黃醬
於南法普羅旺斯誕生的大蒜美乃滋。與沙拉風的三明治特別搭配。

韓式辣椒醬
又稱辣椒味噌，是韓國料理不可或缺的辣味調味料。其甘甜濃醇的滋味，與麵包非常搭配。

柚子胡椒
以柚子、綠胡椒、鹽製作的辣調味料。清爽的馨香令人印象深刻。

半乾燥番茄
番茄的鮮美與甜味全在此濃縮，少量即可提味，其香草的香氣也是一大重點。

調味料的組合方式

美乃滋的變化

以使用頻率較高的美乃滋為基底，拌入作為重點滋味的調味料，就能調出更多變化的醬料。

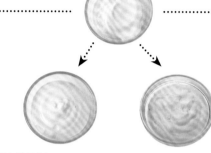

顆粒黃芥末美乃滋

與蔬菜或加工肉品都搭配的萬能醬料。當美乃滋加入恰到好處的辣味，味道也變得更為紮實一致。

材料：100g美乃滋、20g黃芥末醬

梅子美乃滋

與雞肉和蔬菜將組合出清爽的口感。

材料：100g美乃滋、10g梅子泥

醬油美乃滋

加入經典的組合後，就成了道地的日式風味。

材料：100g美乃滋、10g醬油

芥末美乃滋

柔和的辣味與牛肉、酪梨都非常合拍。

材料：100g美乃滋、10g芥末醬

奶油起司的變化

奶油起司常被當成抹在麵包表面的基本醬料，常用於一般料理或甜點。

鮭魚奶油起司

這是等量的兩種主食材所組成的起司。

材料：100g奶油起司、30g煙燻鮭魚（切成粗塊）、5g酸豆（切末）、1大匙檸檬汁、少許鹽與白胡椒。

藍莓奶油起司

奶油起司的酸味與果醬的甜蜜形成美妙的對比。可視個人喜歡選用其他種類的果醬，增加更多不同的變化。

材料：100g奶油起司、30g藍莓果醬。

香草奶油起司

清爽的香氣讓人嗅到新鮮。可與煙燻鮭魚或生火腿搭配。

材料：100g奶油起司、15g的綜合香草末（蒔蘿、細香芹、義大利巴西里這類香草，可選擇2～3種搭配）。

黑胡椒奶油起司

嚐得到黑胡椒的香氣與辣味，是一種非常樸實的滋味，與蔬菜或加工肉品都搭配。

材料：100g奶油起司、5g黑胡椒（粗研磨）。

蔬菜的事前處理

蔬菜是否經過妥善的事前處理將大幅左右三明治的完成度。
接下來為大家介紹用於三明治製作的基本蔬菜的事前處理與使用方法。
*生食蔬菜的清洗方法與保鮮方法，請以適當的衛生管理進行。

葉菜類蔬菜的瀝乾

葉菜類蔬菜的新鮮口感正是美味的來源。泡在冷水裡保持鮮脆後，撈出來瀝乾水分再使用。

步驟

1.生菜、萵苣、紅菜萵苣這類葉菜類蔬菜先經過清洗與殺菌，再利用蔬菜脫水器將水分徹底瀝乾。
2.放入噴灑過食品級酒精消毒的容器或食品專用塑膠袋，再放入冰箱保存。
3.使用之前，先以餐巾紙吸除多餘水分。

必須利用蔬菜脫水器瀝乾水分

以餐巾紙吸除多餘水分

小黃瓜

使用削皮器刨成均一的厚薄度。隨著使用方法的差異，可將小黃瓜切成不同的大小、厚度與形狀。

位於小黃瓜表面的顆粒容易孳生雜菌，這會影響三明治的保存性，請務必清洗乾淨。

步驟

1.先用菜刀刀背將小黃瓜表面的顆粒刮除，再把小黃瓜洗乾淨與殺菌。擦乾表面的水分後，依個人喜好將小黃瓜切成適當厚度的片狀。
2.放入噴過酒精的容器裡，再送入冰箱保存。

╋α の的創意

小黃瓜可淺漬保存

切成片的小黃瓜可揉拌些許鹽或是酒醋，做成醃漬黃瓜片。淺漬的小黃瓜將在味道與口感增加不少變化。

番茄

番茄若切成不同的厚度或是經過額外的事前處理，味道也會產生極大的變化。

倘若要挾在吐司裡，通常會切成圓片。若是要挾在小型的麵包裡，則會切成半月形。

本書使用的雖然是帶籽的番茄片，但如擔心水分太多，也可視情況將種籽挖除。

步驟

1. 先挖掉番茄蒂頭，經過洗淨與殺菌的步驟後，再將表面的水分擦乾，然後視情況切成適當厚度。若想切成半月形或圓片，可讓蒂頭的部分朝上，再從側邊水平入刀。

2. 在噴過酒精的容器裡面鋪一層餐巾紙，再將番茄鋪在餐巾紙上，即可送入冰箱保存。

3. 使用之前，先以餐巾紙吸除多餘水分。

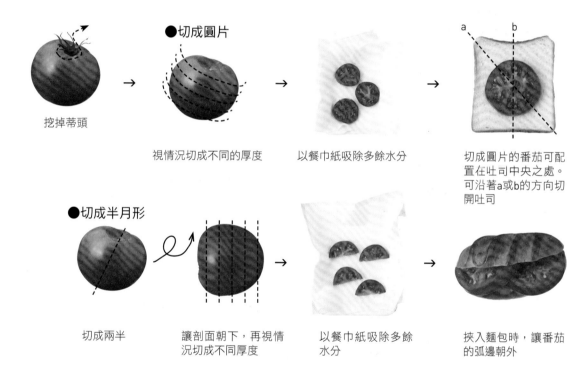

挖掉蒂頭

●切成圓片

視情況切成不同的厚度

以餐巾紙吸除多餘水分

切成圓片的番茄可配置在吐司中央之處。可沿著a或b的方向切開吐司

●切成半月形

切成兩半

讓剖面朝下，再視情況切成不同厚度

以餐巾紙吸除多餘水分

挾入麵包時，讓番茄的弧邊朝外

╋**α の的創意**

製作半糖漬的番茄

番茄一經加熱，本身的鮮味就會更濃縮。利用烤箱就能簡單製作的半糖漬番茄只需要細砂糖或蜂蜜，就能為番茄增添甜味。這種番茄非常適合與熱三明治搭配。

＊半糖漬番茄的製作方法

將番茄片鋪在烤盤，撒點鹽、白胡椒、橄欖油、細砂糖（或蜂蜜）、百里香、香蒜粉，再送入預熱至攝氏180度的烤箱裡烘烤15分鐘。

洋蔥

洋蔥會因刀工而在口感上有所改變，若想切成薄片，建議使用切片器。

沿逆紋下刀切成薄片時，比較容易脫去嗆辣的味道，也比較適合生食。若沿順紋下刀，則可突顯洋蔥本身的鮮脆口感，也比較適合加熱使用。

若想切成末，可在保留根部（不要切掉）再下刀，比較容易切得整齊一致。

若覺得嗆味過於明顯，可先揉點鹽再泡入水中（或醋水）。

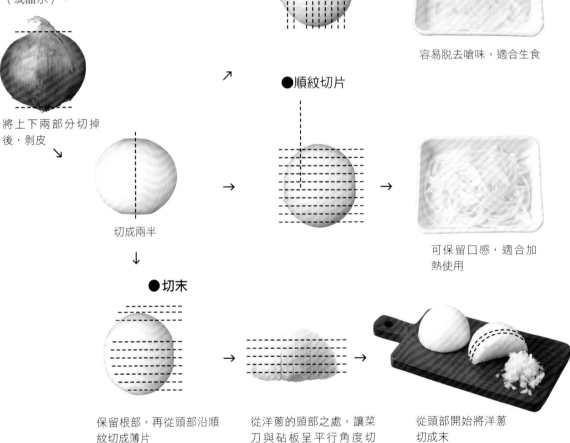

將上下兩部分切掉後，剝皮

切成兩半

● 逆紋切片

容易脫去嗆味，適合生食

● 順紋切片

可保留口感，適合加熱使用

● 切末

保留根部，再從頭部沿順紋切成薄片

從洋蔥的頭部之處，讓菜刀與砧板呈平行角度切入，下刀時，可保留洋蔥的根部。

從頭部開始將洋蔥切成末

+α 的創意

醃漬洋蔥

洋蔥片可放入油醋醬醃漬。若洋蔥的嗆味過於強烈也可使用這招去辛辣。醃漬過的洋蔥可當成收尾的重點食材使用。

彩椒

紅黃兩色的彩椒可搭配出鮮豔的色彩。
白色內膜是苦味來源，請一點也不剩地切掉。光
是這個小動作就可產生相當程度的美味落差。
若是最後會做成切開的三明治，希望剖面稍微漂
亮一點的話，建議順紋切成條狀。若是挾在小型
麵包裡，則不妨活用彩椒本身的弧度，逆紋切成
條狀。

步驟

1. 將彩椒剖成兩半，再刨除種籽與內膜。
2. 洗淨殺菌後，切成適當厚度的薄片。
3. 放入噴過酒精的容器或塑膠袋，然後送入冰箱
   保存。
4. 使用時，可利用餐巾紙吸除多餘水分。

●沿纖維下刀（順紋）

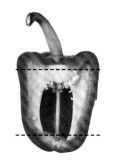  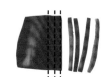 

先剖成兩半，再將上下兩部分切掉　　將內膜刨除　　沿纖維切成條狀　　挾入吐司時，可讓彩椒與吐司剖面的方向呈直角排列

●與纖維呈直角下刀（逆紋）

先剖成兩半，刨除種籽與內膜　　與纖維呈直角下刀切片，就能保留彩椒的弧度　　挾入麵包時，讓彩椒的弧邊朝外

＋**α** 的創意

醃漬彩椒

於切片之際切下來的上下兩部分可先切
成丁，再放入油醋醬醃漬。
可為料理的最後階段畫龍點睛，也可用
來裝飾料理。

三明治的組裝方式

三明治的組裝由食材的鋪排順序、挾入方式與切法決定。而且食用的方便性與品嚐的方式也會隨著組裝方式而改變。

接下來為大家介紹吐司三明治於基本組裝之際所需要注意的事項。

食材鋪排順序

蔬菜與醬汁的處理是鋪排時的重點，尤其水分較多的番茄或醬汁的位置，更是左右著三明治的完成度。接下來讓我們以BLT（參照68～69頁）為例，講解食材的鋪排順序。

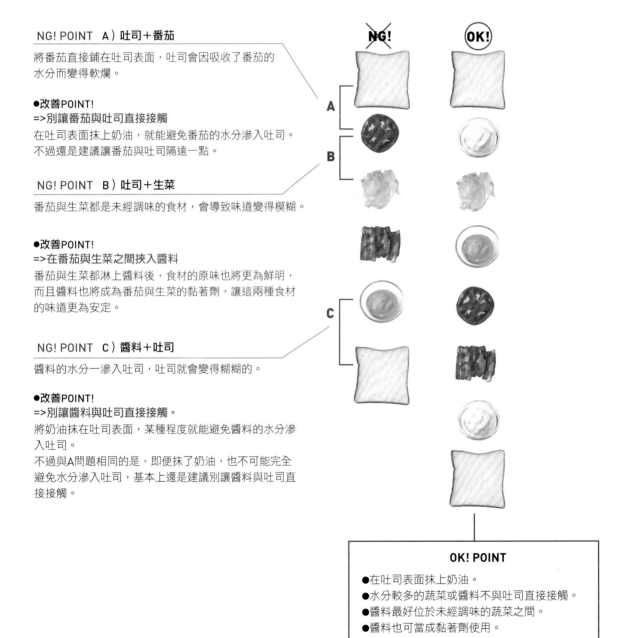

NG! POINT　A）吐司＋番茄

將番茄直接鋪在吐司表面，吐司會因吸收了番茄的水分而變得軟爛。

●改善POINT!
=>別讓番茄與吐司直接接觸

在吐司表面抹上奶油，就能避免番茄的水分滲入吐司。不過還是建議讓番茄與吐司隔遠一點。

NG! POINT　B）吐司＋生菜

番茄與生菜都是未經調味的食材，會導致味道變得模糊。

●改善POINT!
=>在番茄與生菜之間挾入醬料

番茄與生菜都淋上醬料後，食材的原味也將更為鮮明，而且醬料也將成為番茄與生菜的黏著劑，讓這兩種食材的味道更為安定。

NG! POINT　C）醬料＋吐司

醬料的水分一滲入吐司，吐司就會變得糊糊的。

●改善POINT!
=>別讓醬料與吐司直接接觸。

將奶油抹在吐司表面，某種程度就能避免醬料的水分滲入吐司。

不過與A問題相同的是，即便抹了奶油，也不可能完全避免水分滲入吐司，基本上還是建議別讓醬料與吐司直接接觸。

OK! POINT

●在吐司表面抹上奶油。
●水分較多的蔬菜或醬料不與吐司直接接觸。
●醬料最好位於未經調味的蔬菜之間。
●醬料也可當成黏著劑使用。

生菜的挾法

生菜的顏色淡薄，平坦的部分偏多，只挾一片，很難從三明治的剖面發現它。
若希望增添綠色，不妨選用萵苣代替生菜。
因為萵苣的綠色較為濃郁，也具有滾邊的波浪形狀，光是一片就能突顯己身的
份量。
假設打算使用生菜，建議一次多挾幾片增加份量，同時兼顧美味與色彩。

●挾入大量生菜的三明治製作方法

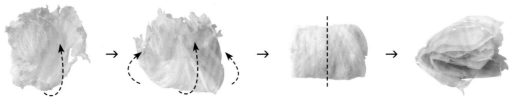

生菜可直接單獨一片使用。第一步先將根部沿自然的弧度往內捲

接著兩側往內捲，捲成像高麗菜捲的模樣

捲好後，用掌心從正上方輕輕壓緊，讓生菜不會散開

挾入吐司時，可讓捲的方向與吐司切開的方向呈直角，才能在吐司的剖面突顯份量感

內餡的塗抹方式

蛋沙拉或鮪魚沙拉即便採同等分量，也會因為抹法的不同，導致三明治剖面的模樣不同。是要抹得正中央隆起呢？還是要抹得厚度均一呢？請大家依個人喜好決定吧。

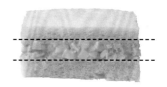

正中央隆起的抹法
顧慮吐司邊下刀的位置，將內餡抹在正中央附近，減少內餡的損失。正中央隆起的感覺，會讓人覺得三明治很有份量

厚度均一的抹法
直到吐司邊緣都將內餡抹得厚度均一的抹法。雖然會在切掉吐司邊的同時，損失若干內餡，但卻給人一種高級品的感覺

下刀方向

食材的排列方式與下刀方向會使剖面大有不同，此時先想像一下完成品的模樣可是非常重要的。雖然各種組裝方式都能應用這裡講解的內容，但接下來，還是以最淺顯易懂的小黃瓜切片來示範下刀方向是如何決定三明治的完成度。

●角型吐司的情況

 →

順著小黃瓜的方向切，剖面就變得一片平坦，毫無份量感可言。

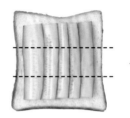 →

與小黃瓜的方向呈直角下刀，就能看到深綠色的外皮與淡綠色的內裡，這種濃淡形成的對比十分美麗，也能突顯小黃瓜的份量。

●山型吐司的情況

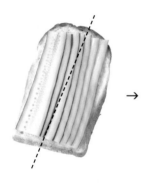 →

若是順著小黃瓜的方向切，結果就與角型吐司相同，而且還會過度強調山型吐司的長邊，陷入過於單調的印象。

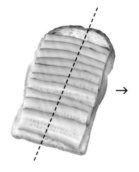 →

若與小黃瓜的方向呈直角下刀，就能得到與角型吐司同樣的結果，綠色的對比與份量感都能一併呈現。請各位調整小黃瓜切片的厚度與用量，試著找出吐司與小黃瓜之間的理想比例。

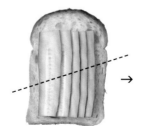 →

雖然排列的方式與左上角相同，但稍微改變下刀方向，就能創造更為簡潔美麗的剖面形狀。

236

吐司的各種切法與變化

吐司三明治會因切法而影響完成度。請各位就搭配的食材、用途決定三明治的大小與是否保留吐司邊。接下來為大家介紹本書使用的切法。

●角型吐司的9種切法與變化

 →  →

1. 將上下兩邊的吐司邊切掉，再分切成3等分。切掉這兩邊的吐司邊，可讓每1等分的吐司大小一致。

2. 連兩側的吐司邊也切掉。這種切法的吐司比較容易包裝，算是一種基本切法。

3. 進一步切成兩半，總共切出6片吐司。適合用來製作茶點三明治。

 →  →

4. 將上下兩邊的吐司邊切掉，再分切成兩等分。切掉這兩邊的吐司邊，可讓每1等分的吐司大小一致。

5. 連兩側的吐司邊也切掉。由於切成兩等分，因此可以斜切。

6. 進一步切成兩半，總共切出4片吐司。屬於方便切割與食用的大小。

 →  →

7. 可保留三角型吐司的吐司邊來增加份量感。

8. 切掉吐司邊，可讓三明治看起來更高級。

9. 進一步切成兩半，總共切出4片吐司。適合用來製作總匯三明治。

●山型吐司的3種切法與變化

 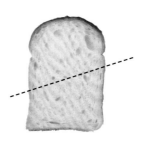 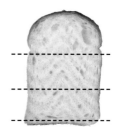

1. 垂直切成兩等分，連吐司邊都能均勻而美味地享用。

2. 斜切成兩等分再擺盤，可維持良好的平衡感。

3. 只將底邊的吐司邊切掉，再水平切成3等分。這種切法比較適合包裝。

原書参考文献

「フランス　食の事典」（白水社）
「新ラルース料理大辞典」（同朋舎）
「ロンドン　食の歴史物語」アネット・ホープ著（白水社）
「食の500年史」ジェフリー M ピルチャー著（NTT出版）
「現代デンマークを知るための68章」村井誠人編著（明石書店）
「現代ベトナムを知るための60章」今井昭夫編著　岩井美佐紀 編著（明石書店）
「ノルウェーの社会」村井誠人・奥島孝康編（早稲田大学出版）
「アメリカの食文化史―味覚の境界線を越えて」ダナ・R・ガバッチア著（青土社）
「世界の食文化　ドイツ」大塚滋（他）編　石毛直道監修（農村漁村文化協会）
「世界の食文化　アラブ」大塚和夫責任編集　（農村漁村文化協会）
「とんかつの誕生　明治洋食事始め」岡田哲著　（講談社選書メチエ）
「本格メキシコ料理の調理技術　タコス&サルサ」渡辺庸生 著（旭屋出版）
「C.P.A.チーズプロフェッショナル教本」NPO法人　チーズプロフェッショナル協会（飛鳥出版）
「フランスパン・世界のパン本格製パン技術」ブランジュリーフランセーズドンク著（旭屋出版）
「パンの図鑑」(社)日本パン技術研究所所長　井上好文監修（毎日コミュニケーションズ）
「フロマージュ」磯川まどか著　ピエール・アンドルウエ監修（柴田書店）
「基礎からわかる製パン技術」吉野精一著（柴田書店）
「イタリア料理教本」吉川敏明著（柴田書店）

Encyclopedia of food and culture　Volume 1~3 /
Solomon H. Katz, editor in chief ;
William Woys Weaver, associate editor.
Scribner,
c2003.

The Oxford companion to Italian food /
Gillian Riley
Oxford University Press,
2007.

The American history cookbook /
Mark H. Zanger.
Greenwood Press,
2003

The Shorter Oxford English dictionary (Volum 2) /
William Little H.W. fowler Jessie Coulson
Clarendon press
1973

THE ENCYCLOPEDIA OF SANDWICHES /Susan Russo
Quirk Books
2010

協力

大山ハム株式会社
〒683-0851 鳥取県米子市夜見町3018
TEL 0859-24-7000
http://daisenham.co.jp/

株式会社オリーヴ ドゥ リュック
〒182-0026 東京都調布市小島町3丁目78−1
TEL 042-439-6751
＊南仏プロヴァンスのペースト類、オリーヴなど食材の輸入販売

株式会社クイジナートサンエイ
〒111-0042 東京都台東区寿4-1-2三栄寿ビル2F
TEL 0120-191-270
http://www.cuisinart.co.jp
マルチグルメプレートGR-4NJBS（186頁）
コンパクトトースターオーブンTO-10JBS（186頁）
＊家庭用及び業務用電気調理機器の販売

ピュラトスジャパン株式会社
〒150-0001 東京都渋谷区神宮前2-2-22
TEL: 03-5410-2322
http://www.puratos.co.jp
＊業務用製パン・製菓・チョコレートの原材料メーカー

株式会社プログレス
〒140-0011 東京都品川区東大井1-18-7
TEL 03-5796-6699
http://www.arrecria.jp
＊チーズ、ハムなど輸入販売

有限会社フロメックスジャポン
〒108-0074 東京都港区高輪4-3-3-101
TEL 03-5793-8080
＊本場ヨーロッパのチーズをフランスより直輸入する乳製品の輸入商社

日清製粉株式会社
〒103-8544 東京都千代田区神田錦町1-25
http://www.nisshin.com/

専修学校 日本菓子専門学校
〒158-0093 東京都世田谷区上野毛2-24-21
TEL:03-3700-2615
http://www.nihon-kashi.ac.jp/

Millefeuille
フードコーディネーター
千葉むつみ

Bernard Anquetil

Daniel Kratzer
Yukie Kratzer

永田憲司

原書編集　　中村みえ
原書撮影　　泉　健太
原書設計　　森デザイン室
料理協助　　石村亜希

三明治研究室：
拆解層疊美味，從家常經典到進階開店，世界級三明治全收錄！

作　　者　永田唯 Nagata Yui
譯　　者　許郁文
社　　長　張淑貞
副總編輯　許貝羚
責任編輯　蕭歆儀
特約美編　關雅云
封面設計　IF OFFICE
封面攝影 x 食物造型　王正毅、包周
行銷企劃　王琬瑜
版權專員　吳怡萱

發行人　何飛鵬
PCH生活事業總經理　許彩雪
出　版　城邦文化事業股份有限公司　　　麥浩斯出版
地　址　104台北市民生東路二段141號8樓
電　話　02-2500-7578
發　行　英屬蓋曼群島商家庭傳媒股份有限公司城邦分公司
地　址　104台北市民生東路二段141號2樓
讀者服務電話　0800-020-299（9:30AM~12:00PM；01:30PM~05:00PM）
讀者服務傳真　02-2517-0999
讀者服務信箱　E-mail：HYPERLINK "mailto:csc@cite.com.tw"csc@cite.com.tw
劃撥帳號　19833516
戶　名　英屬蓋曼群島商家庭傳媒股份有限公司城邦分公司
香港發行　城邦〈香港〉出版集團有限公司
地　址　香港灣仔駱克道193號東超商業中心1樓
電　話　852-2508-6231
傳　真　852-2578-9337

馬新發行　城邦〈馬新〉出版集團Cite(M) Sdn. Bhd.(458372U)
地　址　41, Jalan Radin Anum, Bandar Baru Sri Petaling, 57000 Kuala Lumpur, Malaysia
電　話　603-90578822
傳　真　603-90576622

製版印刷　凱林彩印股份有限公司
總經銷　聯合發行股份有限公司
地　址　新北市新店區寶橋路235巷6弄6號2樓
電　話　02-2917-8022
版　次　初版一刷 2015年8月
定　價　新台幣480元 / 港幣160元
Printed in Taiwan
著作權所有 翻印必究（缺頁或破損請寄回更換）

SANDWICH NO HASSOU TO KUMITATE
©YUI NAGATA 2012
Originally published in Japan in 2012 by SEIBUNDO SHINKOSHA PUBLISHING CO., LTD.
Chinese translation rights arranged through TOHAN CORPORATION, TOKYO.
,and Keio Cultural Enterprise Co., Ltd.
This Complex Chinese edition is published in 2015 by My House Publication Inc.,
a division of Cite Publishing Ltd.

永田唯 Nagata Yui
Food Coordinator

於食品製造商負責開發烘焙坊菜單與三明治企劃。離開公司後，於蜂蜜專賣店負責商品開發與料理教室的企劃經營，之後成為獨立的自由工作者。目前擔任食譜開發諮詢師、麵包、起司、蜂蜜相關的講座講師，也於雜誌或書籍撰寫食物搭配專欄。擁有日本諮詢協會認定的侍酒師資格、起司專業協會認定的起司專業師以及中藥研究會認定的中醫國際藥膳士資格。也已取得Le Cordon Bleu料理名校的Le Grand Diplôme資格。

國家圖書館出版品預行編目（CIP）資料

三明治研究室：拆解層疊美味，從家常經典到進階開店，
世界級三明治全收錄！
/ 永田唯 Nagata Yui 著；許郁文 譯.
-- 初版. -- 臺北市：麥浩斯出版：家庭傳媒城邦分公司發行，
2015.08　240面；19x26cm
1.速食食譜
ISBN 978-986-408-056-4（平裝）　427.14　104011367